Maria Teresa Carbone

111 Hunde,
die man kennen
muss

emons:

Bibliografische Information der Deutschen Nationalbibliothek
Die Deutsche Nationalbibliothek verzeichnet diese Publikation
in der Deutschen Nationalbibliografie; detaillierte bibliografische
Daten sind im Internet über http://dnb.d-nb.de abrufbar.

© 2018 Emons Verlag GmbH
Alle Rechte vorbehalten
© der Fotografien: siehe Bildnachweise Seite 232–237
Bildredakteurin: Valentina Manchia
Covermotiv: shutterstock.com/Eric Isselee, Richard Peterson,
WildStrawberry, In Green, Jagodka, Susan Schmitz, PAKULA PIOTR
Titel der Originalausgabe: *111 cani e le loro strane storie*
Übersetzung aus dem Italienischen: Jan Heberlein
Layout: Eva Kraskes, nach einem Konzept
von Lübbeke | Naumann | Thoben
Druck und Bindung: Lensing Druck GmbH & Co. KG,
Feldbachacker 16, 44149 Dortmund
Printed in Germany 2018
ISBN 978-3-7408-0477-0

Unser Newsletter informiert Sie
regelmäßig über Neues von emons:
Kostenlos bestellen unter
www.emons-verlag.de

Vorwort

Wenn wir Menschen heute das sind, was wir uns einbilden zu sein, dann haben wir das auch den Hunden zu verdanken, die seit Jahrtausenden unsere treuen Begleiter im Guten wie im Schlechten sind. In ihren haarigen Schnauzen spiegeln wir uns seit Urzeiten, auf der Suche nach gemeinsamen Zügen, die wir – je nach Fall – uns zu eigen gemacht oder auf Distanz gehalten haben, wenn wir uns hundeelend fühlen, uns hundsgemein benehmen, ein Hundeleben führen …

Mit der Zeit haben Hunde gelernt, uns zu verstehen, sicher mehr, als wir sie zu verstehen in der Lage sind. Sie haben sich Umgebungen angepasst, in denen wir mit ihnen lebten, und an oft schwere Arbeiten gewöhnt, die wir ihnen übertragen haben oder zu denen wir sie zwangen: Aus diesem Grund gibt es bei Hunden so viele verschiedene Rassen in allen nur möglichen Formen und Größen wie bei keiner anderen Tierart auf der Erde. Viele Hunde wurden zu Berühmtheiten, und auf den folgenden Seiten möchten wir einige von ihnen vorstellen. Aber an dieser Stelle möchte ich auch an all jene Hunde erinnern, die nichts Außergewöhnliches geleistet haben, die nicht Hunderte Kilometer gelaufen sind, um ihre menschlichen Gefährten wiederzufinden, die keine exzentrischen Sportarten praktizieren, nicht im Krieg gekämpft haben und nicht Stars des Kinos, Fernsehens oder der Social Networks geworden sind.

Für keinen der Hunde, die Tag für Tag auf den Straßen meines Viertels um die Villa Sciarra in Rom aufgelesen werden – Lilli, Barnie, Tempesta, Tessie, Camilla, Indy, Sofia und viele weitere –, wird ein Denkmal errichtet werden. Sie haben ein ruhiges Leben geführt (oder tun dies noch immer), auch wenn sie für ihr andauerndes Bellen oder für ihre impertinente Neigung, morgendliche Jogger zu verfolgen, bekannt sind oder waren. Wer jedoch das Glück hatte, sie kennenzulernen und mit ihnen ein Stück seines Lebens zu verbringen, weiß, dass jede(r) von ihnen einmalig und einzigartig ist. So einmalig und einzigartig wie alle Hunde ohne Geschichte, die diese Welt bevölkern. Den Hunden der Villa Sciarra und den Millionen ihrer Gefährten ist dieses Buch gewidmet.

Maria Teresa Carbone

111 Hunde

1 Abuwtiyuw

Der Leibgardehund des Pharaos

Von Abuwtiyuw wissen wir nur, dass er aufrechte Ohren und einen Ringelschwanz hatte. Aber bedenkt man, dass seine adligen Pfoten vor über 4.000 Jahren im Sand Ägyptens stampften, ist das nicht wenig.

Es gibt wahrlich viele Gründe, weshalb ihm ein Ehrenplatz in der Hundegeschichte gebührt. Erstens ist er das erste Haustier überhaupt, dessen Name überliefert ist – ein etwas unhandlicher Name freilich, aber zum Glück gibt es eine einfachere Übertragung, nämlich Abutiu, wobei das »bu« Fachleuten zufolge dem heutigen »wau« entspricht. Außerdem hatte er das Glück, ein Hund der königlichen Leibgarde des Pharaos zu sein. Dank seinem hohen Rang wissen wir überhaupt um seine Existenz: 1935 fand der Ägyptologe George A. Reisner in der Nekropole von Gizeh im Grab einer einflussreichen Persönlichkeit aus der späten 6. Dynastie (2345 – 2181 v. Chr.) eine steinerne Tafel, auf der detailliert sein nobles Begräbnis beschrieben ist.

Im alten Ägypten war es verbreitet, Hunde zu begraben, aber in diesem Fall handelte es sich um eine Bestattung, die eines Monarchen würdig war. Auf Anordnung des Pharaos wurde der Hund in feines Leinen gewickelt und in einen Sarg aus dem königlichen Schatz gebettet beerdigt. Damit nicht genug: Seine Majestät – so die Inschrift – spendierte ihm auch eine duftende Salbe als Totengabe und ordnete an, dass das Grabmal von seinen besten Baumeistern errichtet und Abuwtiyuw fortan vor dem großen Gott Anubis verehrt werden sollte.

Auf der Tafel lesen wir, dass der Hund einer im alten Ägypten häufigen Rasse angehörte, die ihre eigene Bezeichnung besaß – Tesem: schlanke und schnelle Jagdhunde, ähnlich dem noch auf Kreta und in ganz Griechenland zu findenden Kritikos Ichnilatis, der als direkter Erbe der primitiven mediterranen Hunde gilt.

Fällt Ihnen auf dem Spaziergang durch Athen ein Hund mit spitzen Ohren und geringeltem Schwanz auf, dann aufgepasst: Es könnte sich um einen Ururenkel des großen Abuwtiyuw handeln.

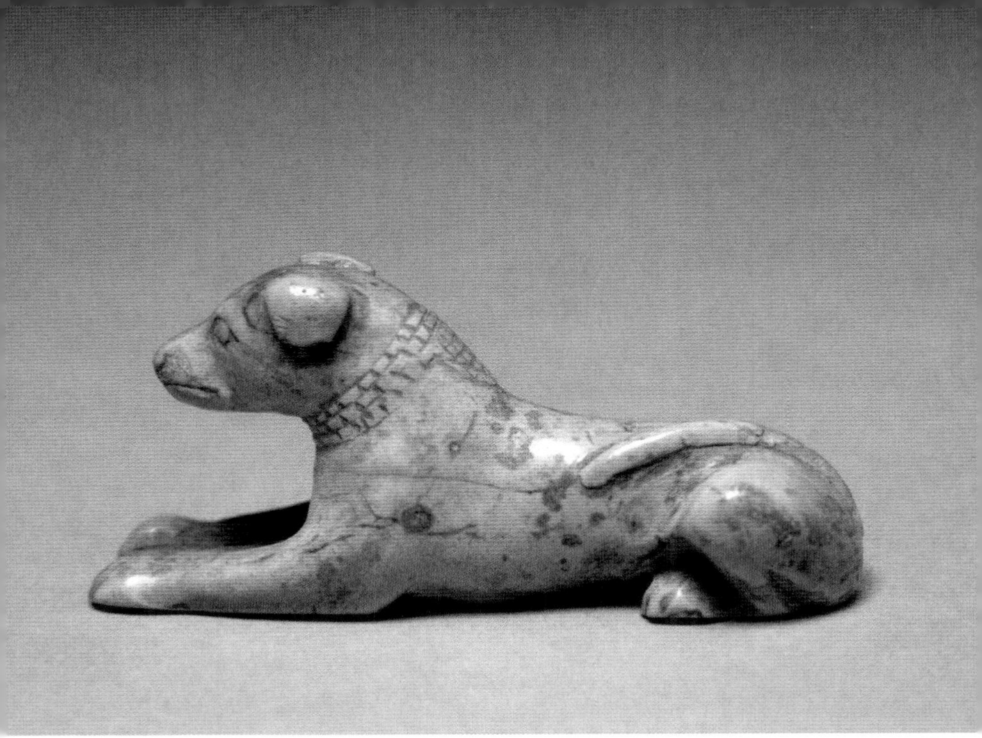

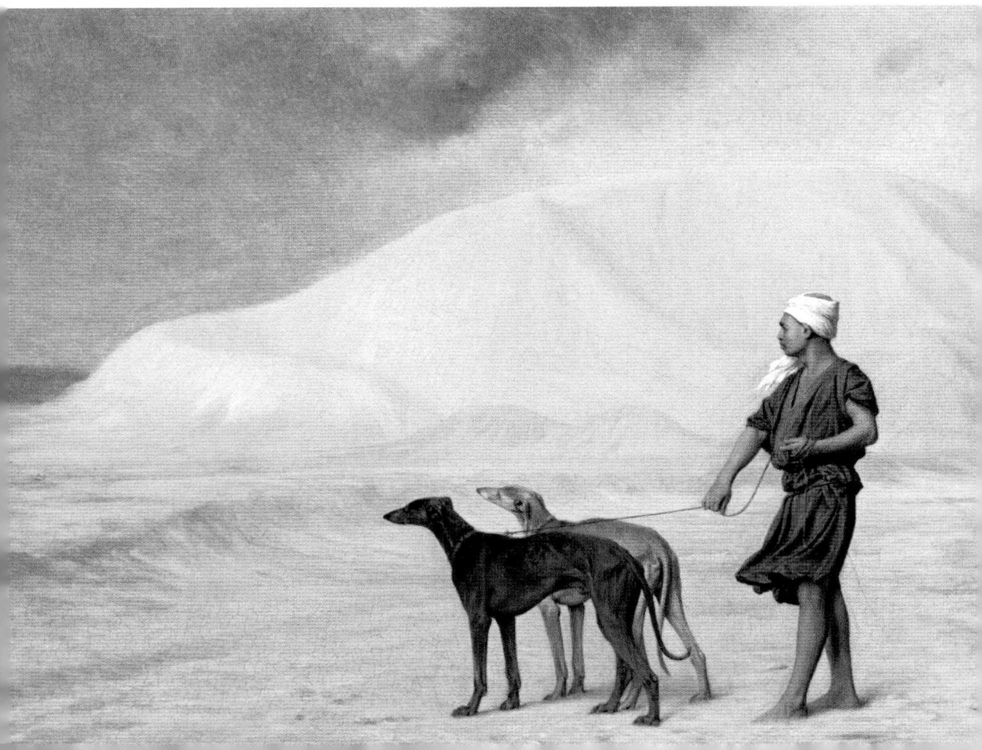

2 — Argus
Das lange Warten auf Odysseus

Er war noch ein Welpe, als sein Herr aufbrach. Er sah ihn seine Frau und den kleinen Sohn mit der ernsten Miene eines Mannes verabschieden, der weiß, dass er lange nicht wiederkommt. Dann bestieg er zusammen mit seinen Kameraden ein Schiff, dessen Segel immer kleiner wurden, bis sie am Horizont verschwanden.

Argus aber hat die Treibjagden in den Wäldern Ithakas, in denen er wie entfesselt die Beute hetzte, den Ansporn seines Herrn und seine knappen Liebkosungen auf der Rückkehr zum Palast nicht vergessen.

Seit damals sind 20 Jahre vergangen. Nur wenige würden in diesem abgezehrten Tier den muskulösen jungen Hund von einst wiedererkennen, der auf königliches Kommando Hirschen oder wilden Ziegen nachstellte. Ihn beachtet heute keiner mehr: Manchmal wirft ihm eine alte Magd die Reste des Palastbanketts vor, ohne sich ihm zu sehr zu nähern.

Abgemagert und voll von Zecken fristet Argus seine Tage auf einem Misthügel liegend in der Nähe des Palasteingangs. Er scheint sich mit seinem traurigen Ende abgefunden zu haben, das auf Ithaka vielleicht nur Telemach, der Sohn des Odysseus, beklagen wird, wenn er denn von seiner Reise auf der Suche nach dem Vater zurückkehrt. Doch plötzlich erklingt dem alten Hund eine Stimme, die er kennt. Ist es möglich? Kein Zweifel, der Mann ist sein Herr, Odysseus, auch wenn die Jahre der Mühen sein Antlitz verhärtet haben und ihn niemand anderer erkennt.

Argus möchte sich erheben, ihm entgegenlaufen, aber sein alter Körper gehorcht ihm nicht. Nur der Schwanz schwenkt wie einst hin und her, als ob aller Lebensgeist sich in dieser Anstrengung konzentrierte. Die Ohren, die sich beim Klang der geliebten Stimme seines Herrn spitzten, senken sich.

Endlich kann er sich in die Schwärze des Todes begeben, während sein Herr die Schwelle des Palastes überschreitet. Niemand sieht die Träne, die diesem beim Anblick des alten Hundes die Wange hinunterrinnt.

Tipp Die Worte, mit denen Homer die Begegnung zwischen Argus und Odysseus und seinen Tod erzählt, finden sich im Buch XVII der »Odyssee« in den Versen 290–329: wenige Zeilen für eine der berühmtesten Episoden der Literaturgeschichte.

3__Ashley

Der Frisbee-Champion

Los Angeles, 5. August 1974. Im Dodger Stadium läuft das Baseballmatch zwischen den Cincinnati Reds und der Heimmannschaft. Das neunte Inning beginnt, die Augen der Zuschauer und die Kameras der TV-Liveübertragung sind auf das Feld gerichtet. Die Stimmung ist gut.

Plötzlich springt ein merkwürdiges Ding von den Rängen auf den Rasen. Kein Ding, ein Hund ist es, und mit ihm ein Junge, der ihm einen Frisbee in die Luft wirft. Der Hund sprintet los und rennt ihm nach, fängt die Scheibe nach einem irren Lauf mit dem Maul, sodass die Zuschauer den Baseball vergessen und der Szene in ihrem Verlauf folgen, die acht Minuten lang auf den Mattscheiben der ganzen USA ausgestrahlt wird.

Der Rest ist schnell erzählt: Der Junge – später erfährt man seinen Namen, er heißt Alex Stein und ist ein Student um die 20 – wird in Handschellen von Polizisten abgeführt und die Partie wieder aufgenommen. Aber in jenen acht Minuten ist Ashley Whippet (so nennen ihn alle) eine Berühmtheit geworden.

Zusammen mit Alex, der das Talent Ashleys bereits als kleiner Welpe entdeckte und förderte, tourt er durch die Spielfelder halb Amerikas. Und Ashley zeigt sich einmal mehr als echter Champion, der über 35 Meilen in der Stunde (mehr als 56 Stundenkilometer) schnell rennt und fast zwei Meter hoch springt, um seinen geliebten Frisbee zu erhaschen.

1975 wird auf Betreiben von Stein die Frisbee Dog World Championship ausgerichtet, deren erste drei Ausgaben natürlich Ashley Whippet gewinnt. Auf der Höhe seines Ruhms zwei Jahre später ist er Hauptperson im Kurzfilm »Floating Free« mit Oscar-Nominierung und wird ins Weiße Haus geladen, um seine Künste vor Amy, der Tochter des damaligen Präsidenten Carter, zu zeigen. Sie ist begeistert.

Er stirbt alt und hochberühmt 1985, nicht ohne seinen Namen einer beliebten Eisdielenkette in Connecticut vermacht zu haben – in der das Eis selbstredend auf einem Frisbee serviert wird!

Tipp Alle Informationen zur Frisbee Dog World Championship, heute Ashley Whippet Invitational World Championship, die auch über eine europäische Sektion verfügt, finden sich auf der Webseite www.ashleywhippet.com.

4_Asta

Der Hollywoodstar

Eigentlich hieß er Skippy, aber in den 1930er und 1940er Jahren war er für Millionen Fans auf der ganzen Welt Asta, der Foxterrier mit dem rauen Fell, zusammen mit William Powell und Myrna Loy fester Bestandteil des Films »The Thin Man« (deutscher Titel »Der dünne Mann«).

Der Streifen nach dem gleichnamigen Roman von Dashiell Hammett war ein so großer Erfolg, dass bis 1947 fünf Fortsetzungen gedreht wurden – die natürlich alle um die Abenteuer des ungleichen Trios kreisten: er, Nick, ein geistreicher Detektiv, der gerne Martinis zuspricht, sie, Nora, eine ebenso faszinierende wie waghalsige Dame der höheren Gesellschaft, und Asta, der bei Gefahr schnell unter einem Tisch abtauchen oder sich zwischen Kissen tarnen konnte, unschlagbar beim Auffinden wertvoller Indizien für Nick.

Als Modellschüler der renommierten Hundeschule Studio Dog Training School ausgezeichnet, war Asta lange vor dem Aufstieg von Lassie der berühmteste Hund von Hollywoods Filmriese MGM. In seiner ersten Komödie war er noch ein sechs Monate alter Welpe, aber sein Talent war sofort offensichtlich. Im Laufe seiner Karriere war Asta neben dem »Dünnen Mann« auch in »Leoparden küßt man nicht« (Originaltitel »Bringing Up Baby«) an der Seite der großen Kinosternchen Cary Grant und Katharine Hepburn zu sehen.

Dazu genoss er dieselben Privilegien wie ein Filmstar: eine Umkleidekabine, in die er sich bei den Dreharbeiten zurückziehen konnte, eine vegetarische Diät, um sich in Form zu halten, zwölf Stunden Schlaf, um immer frisch ausgeruht zu sein. Und nicht zuletzt natürlich auch ein ansehnliches Honorar: Während andere Hunde am Set drei Dollar fünfzig am Tag erhielten, sackte er 250 Dollar in der Woche ein.

»Er war herausragend«, schrieb Myrna Loy später in ihrer Autobiografie, in der sie das Geheimnis ihres haarigen Kollegen lüftete: »Er war verrückt nach Oslo, einer Gummimaus, die, wenn man sie drückte, ein Quieken von sich gab. Bei schwierigen Szenen steckte ich Oslo in die Tasche, und Asta machte sofort genau das, was man von ihm wollte.«

5 Astarte
Der imaginäre Hund Hannibals

Astarte ist vor allem ein Traum, der Traum eines Zeichners, der mit Gewinnertypen nie etwas anfangen konnte. Der Name des Zeichners war Andrea Pazienza, und dieser lebte und starb wie die Antihelden, denen er Form und Stimme verlieh.

In seiner Galerie findet sich neben Charakteren wie Pentothal und Zanardi, Lieblinge Zigtausender junger Menschen aller Generationen, auch ein Vierbeiner: Astarte, Anführer von Hannibals Kriegshunderotte.

Weshalb Andrea Pazienza, kurz Paz, ein imaginäres Tier mit Bildern und Worten besang, werden wir nicht mehr erfahren: Der Zeichner starb mit 32 Jahren am 16. Juni 1988, bevor er seine Geschichte vollenden konnte. Aber wir können uns vorstellen, wie auch der Beginn des Comics nahelegt, dass Astarte selbst den Zeichner aufsuchte (»Eines Nachts erschien mir im Traum ein pechschwarzer Hund, so gräulich, dass ich aufwachte …«) und ihn bat, seiner Welt durch den Bleistift Leben einzuhauchen: »Hörst du die Glocken, das Gelächter, das Geschrei und das Röhren der Kamele? Schau hin, rieche … das ist Karthago.«

Sicher ist, dass Paz dieser Eingebung gefolgt ist. Und auch wir können dem riesenhaften Molosser nun von seiner Geburt an zuschauen – bei der Ausbildung zum Kriegshund, bei der Überquerung der Pyrenäen und in den Schlachten – und vor allem Zeuge seiner innigen Beziehung zu Hannibal werden, dessen »untrennbarer Hüter und treuer Freund« Astarte war.

Die Erzählung bricht mit dem ersten Gefecht gegen die Römer ab, aber zu unserem Glück hatte Pazienza das Finale bereits vor Augen: der Tod des Hundes in der Schlacht von Zama, die das große Abenteuer des karthagischen Feldherrn beschloss, der die Großmacht der Welt herausforderte – das einzig mögliche Ende für einen wie Paz, dem, wie Roberto Saviano über ihn und die »Geschichte von Astarte« schrieb, »die Rhetorik des Zenturios« zuwider war und der stattdessen lieber »Geschichten erzählte, die auf Nebenschauplätzen spielen, aber durch die Literatur unsterblich werden«.

6   Atma

Der Weltgeist auf vier Pfoten

Als Misanthrop aus Neigung hatte Arthur Schopenhauer aus freien Stücken beschlossen, allein zu leben und seine Gesellschaft auf einen engen Kreis von Freunden zu beschränken. Ganz einsam war er aber nicht, denn viele Jahre lang, von seinem Studentenleben bis zu seinem Tode, nahmen Hunde einen wichtigen Platz in seinem Leben ein.

Er hatte mehrere, mindestens zwei oder drei nacheinander, alles Pudel, die alle auf denselben Kosenamen hörten, nämlich Butz. Atma aber war der eigentliche Name – etwas bombastisch vielleicht, denn das Wort stammt aus dem Sanskrit und bedeutet »Weltgeist«. Denn Schopenhauer war überzeugt, dass Hunde eine dem Menschen unbekannte Tugend besitzen, die Lauterkeit. »Wo denn sonst kann man vor der endlosen Verstellung, der Falschheit und dem Verrat des Menschen Zuflucht finden, wenn nicht beim Hund, dessen ehrliches Wesen ohne Misstrauen betrachtet werden kann?«, schrieb er in einem seiner Aufsätze.

Aber der Philosoph beließ es nicht bei abstrakter Theorie. So war er ein entschiedener Gegner der Vivisektion, die er bei seinem Studium der Physiologie in Göttingen kennengelernt hatte: »Heut zu Tage hält jeder Medikaster sich befugt, in seiner Marterkammer die grausamste Thierquälerei zu betreiben … Man hat Mitleid mit Verbrechern und Sündern, aber nicht mit dem unschuldigen Thiere.« Im Umgang mit seinen Hunden enthüllte sich auch die humorvolle, fast anrührende Seite seines Charakters. Wenn die jeweilige Atma sich schlecht benahm, ermahnte sie Schopenhauer mit den Worten: »Du bist doch kein Hund, du bist ein Mensch!« Als er sein Ende nahen fühlte, erließ er präzise Anordnungen, damit die letzte Atma nach seinem Tod versorgt und gehegt werde.

Es verwundert daher nicht, dass ausgerechnet Schopenhauer uns einen sprichwörtlich gewordenen Aphorismus hinterlassen hat: »Wer nie einen Hund gehabt hat, weiß nicht, was lieben und geliebt werden heißt.« Weniger bekannt, aber noch deutlicher ist sein Satz: »Wenn es keine Hunde gäbe, möchte ich nicht leben.«

7 Der Balloon Dog

Ein Welpe, der Milliardäre entzückt

Wenn Sie denken, dass der teuerste Hund der Welt unter den seltenen und kostbaren Rassen zu finden ist, dann sind Sie schiefgewickelt. Am 12. November 2013 erstand ein anonymer, aber sicher liquider Käufer auf einer Auktion von Christie's per Telefon den »Balloon Dog (Orange)« von Jeff Koons und zahlte seinem Vorbesitzer, dem Zeitungsmagnaten Peter Brant, sage und schreibe 58,4 Millionen Dollar dafür. Das glänzende Hündchen aus Edelstahl hatte im Nullkommanix einen Rekord gebrochen und war zum teuersten Kunstwerk eines lebenden Künstlers avanciert.

Aber ein Hündchen ist der »Balloon Dog« eigentlich nicht: Auch wenn er die Form eines Luftballon-Wauwaus zur Dekoration von Kindergeburtstagen aufweist, ist das Werk von Koons doch mehr als drei Meter hoch und lang, sodass seine Faszination gerade aus dem Kontrast zwischen dem spielerischen Aussehen und der Monumentalität erwächst, die durch das Glänzen des kolorierten Metalls noch gesteigert wird.

Wie echte Hunde hat auch der orange »Balloon Dog« Geschwister: Er gehört nämlich zu einem »Wurf« von fünf Exemplaren in verschiedenen Farben, die Koons in den 1990er Jahren realisierte. Keiner der Kunsthunde muss sich über sein neues Heim beklagen: Der blaue gehört dem amerikanischen Milliardär und Philanthropen Eli Broad, der rote wurde vom griechischen Industriellen Dakis Joannou adoptiert, der gelbe ist im Haus des Finanziers Steven Cohen gelandet, und der anilinrote gehört heute zur umfangreichen Sammlung von François Pinault, dem Eigentümer des Palazzo Grassi, der ihn lange Zeit vor dem Palast am Canal Grande ausgestellt hatte.

Koons selbst ist offensichtlich so stolz auf sein Werk, dass er vor Jahren einmal einen Buchladen in San Francisco verklagte, dessen Vergehen es war, Buchstützen zu vertreiben, die seinen Hunden ähnelten. Aber dieses Mal musste er eine Niederlage einstecken: »Wie jeder Clown bezeugen kann, hält niemand die Exklusivrechte an einem *balloon dog*«, entgegnete ihm der Anwalt der Buchhandlung. Die Klage war damit abgeschmettert.

8_ Balto

Ein Held im Eis von Alaska

Am 17. Dezember 1925 wird im New Yorker Central Park die erste Statue eines Hundes in der Stadt enthüllt. Dieser ist selbst anwesend und wird mit allen Ehrenbezeugungen eines Stars überhäuft. Sein Name ist Balto, der heldenhafte Husky, der ein paar Monate zuvor in einem Rennen gegen die Zeit den Bewohnern des winzigen Fleckens Nome in Alaska einen dringend benötigten Impfstoff gegen Diphtherie brachte.

Baltos Ruhm ist auch 70 Jahre später noch in aller Munde, sodass 1995 ein Trickfilm mit seinem Namen in die Kinos kam. Aber wie so oft ist die wahre Geschichte anders – und viel herzzerreißender.

Im Januar 1925 stellt man bestürzt fest, dass die Kinder im abgelegenen, fast am Polarkreis liegenden Nome von Diphtherie bedroht sind. Da der Ort weder auf dem Luft- noch auf dem Seeweg erreichbar ist, wird der Impfstoff zunächst im Zug von Seattle nach Nenana und von dort die restlichen 1.000 Kilometer von Schlittenhundeteams nach Nome gebracht.

Am 2. Februar erreicht der Norweger Gunnar Kaasen den Ort mit dem Serum. Die Bevölkerung feiert ihn, aber Kaasen zeigt auf Balto, den *lead dog*, der gegen alle Widrigkeiten, bei fast totaler Finsternis und minus 30 Grad das Team und die Arznei an ihren Bestimmungsort gebracht hat.

Bald gibt es Polemik, denn die längste Strecke hat eine andere Mannschaft unter Führung von Togo und dem Fahrer Leonhard Seppala, auch er Norweger, zurückgelegt. Aber für die Mechanismen des Ruhms zählt keine Haarspalterei: Der Held Balto wird von den Zeitungen und sogar vom Präsidenten Coolidge gefeiert.

Das Happy End stellt sich jedoch erst spät ein: Nachdem das Medienecho verhallt war, werden Balto und die anderen Hunde verkauft und landen in einer Freak Show in Los Angeles. 1927 erlöst sie der Geschäftsmann George Kimble, der sie in seine Stadt Cleveland bringt, wo sie bis zu ihrem Ende und darüber hinaus verehrt werden. Nach seinem Tod 1933 wurde der Körper von Balto einbalsamiert und kann noch heute im lokalen Museum bewundert werden.

Adresse 1 Wade Oval Drive, Cleveland, Ohio 44106 | **Öffnungszeiten** Mo–Sa 10–17 Uhr, Mi 10–22 Uhr, So 12–17 Uhr | **Tipp** Der einbalsamierte Körper von Balto ist eine der Hauptattraktionen des Cleveland Museum of Natural History.

9__Barry

Ein Retter im Schnee des Großen Bernhard

Wenn es Sie mal auf den Hundefriedhof von Asnières-sur-Seine nahe Paris verschlägt (den ersten seiner Art, gegründet 1899), dann achten Sie am Eingang auf die Statue eines Bernhardiners mit einem Kind auf dem Rücken. Das ist Barry, der Anfang des 19. Jahrhunderts viele Reisende in den Schweizer Alpen aus Gletscherspalten und Lawinen rettete und dafür viel Ruhm erntete. Am Fuß des Denkmals kündet eine Inschrift jedoch vom tragischen Ende des Hundes: »40 Menschen rettete er, beim 41. wurde er getötet.« Und dies ist die Geschichte dazu.

Der Legende nach machte sich Barry eines Tages auf die Suche nach einem Soldaten, der seit über 48 Stunden vermisst war. Mit seinem phänomenalen Spürsinn fand Barry die Stelle, an der der Soldat eingeklemmt war, und wühlte sich durch Schnee und Eis zu ihm durch. Als ihm der Bernhardiner jedoch, wie er es bei anderen schon Dutzende Male gemacht hatte, Gesicht und Hände gegen die Kälte ableckte, erstach ihn der überraschte und erschrockene Soldat mit seinem Bajonett.

Eine wirklich traurige Geschichte also, die aber zum Glück nicht stimmt. Nach Jahren des ehrenvollen Dienstes am Hospiz des Großen Bernhard zog sich Barry aus dem Berufsleben zurück und verbrachte die letzten Jahre beschaulich als Rentner in Bern, wo er 1814 starb und sein ausgestopfter Körper im Naturkundemuseum ausgestellt ist.

Ein Trauma blieb Barry nicht erspart, wenn auch nach seinem Tode: Da Bernhardiner zu seiner Zeit eine kleinere Statur im Vergleich zu den heutigen aufwiesen, wurde der Hund 1923 einer »Schönheitsbehandlung« unterzogen, um sein Aussehen der heutigen Rasse anzupassen.

Aber auch dieses unzeitliche Lifting konnte seinen Ruhm nicht schmälern, sodass sogar mehr als zwei Jahrhunderte nach seinem Wirken der schönste Welpe des Wurfs in der hospizeigenen Aufzucht zu seinen Ehren stets Barry genannt wird. Eine schöne Tradition zu Ehren dieses besonderen Hundes.

BARRY (ᴄʰⁱᵉⁿ S.ᵗ Bernard)

*Il sauva la vie
à 40 personnes...
Il fut tué par la quarante!*

10 Bauschan

Wortloses Verständnis

Immer mehr Studien zeigen, dass andere Arten über eine Reihe von Empfindungen und – warum auch nicht? – Gedanken verfügen, die sie nur nicht mit menschlichen Worten ausdrücken können. Dennoch sind sie in der Lage, artikulierte Botschaften zu übermitteln. Was die Naturforscher heute mit umfangreichen Feldstudien erfassen, wussten die Künstler schon lange vor ihnen.

Nehmen wir den Fall »Herr und Hund« von Thomas Mann. Der Erste Weltkrieg war noch nicht einmal ein Jahr vorbei, als Mann 1919 diese lange Erzählung veröffentlichte, die von den Kritikern mit Überraschung aufgenommen wurde, ungläubig staunend, dass ein Autor so komplexer Texte wie »Buddenbrooks«, »Tod in Venedig« oder »Betrachtungen eines Unpolitischen«, die ebenfalls in diesem Zeitraum erschienen, einen Hund als Hauptfigur wählen konnte, und zwar einen »kurzhaarigen deutschen Schäferhund, wenn man diese Bezeichnung nicht allzu streng nehmen will« (tatsächlich ist er eher ein Hühnerhund, wie sich später herausstellt).

Und doch erscheint Bauschan, sobald er die Bühne der Erzählung betritt, als eigene, vollwertige Figur mit ausgeprägtem Charakter:

»Schon im nächsten Augenblick, während ich gegen die Gartenpforte weitergehe, wird in der Ferne, kaum hörbar zuerst, doch rasch sich nähernd und verdeutlichend, ein feines Klingeln laut, wie es entstehen mag, wenn eine Polizeimarke gegen den Metallbeschlag eines Halsbandes schlägt. Und wenn ich mich umwende, sehe ich Bauschan in vollem Lauf um die rückwärtige Hausecke biegen und gerade auf mich zustürzen, als plane er, mich über den Haufen zu rennen.«

Der anhängliche und ungestüme, zärtliche und lustige Vierbeiner versteht sofort, ob der Schriftsteller in die Stadt geht (woraufhin er es schmerzlich vorzieht, zu Hause zu bleiben) oder ob sie beide zu einem Spaziergang aufs Land unterwegs sind, was ihm stets große Freude bereitet und ihn dazu hinreißt, »orgiastische Tänze aufzuführen«.

Es gibt keine Worte zwischen Mensch und Tier, man braucht sie nicht.

11 Becerrillo

Der gefürchtete Begleiter der Konquistadoren

Leider gibt es auch Kampfhunde. Schon in grauer Vorzeit wurden Hunde dazu trainiert, mit Menschen in den Krieg zu ziehen, Gegner anzugreifen und zu töten. Unter diesen unfreiwilligen, dabei nicht minder furchtbaren Kämpfern ist Becerrillo, das »Kälbchen«, einer der bekanntesten. An der Seite der Konquistadoren vergoss er das Blut vieler Eingeborener in Lateinamerika.

Unklar sind sein Geburtsort (als seine ersten Herren werden Diego Colombo, Sohn des Kolumbus, und Juan Ponce de León, Gouverneur von Puerto Rico im frühen 16. Jahrhundert, genannt) und auch seine Rasse – für die einen war er ein Windhund, für die anderen ein Mastiff. Vermutlich war er aber ein robuster und schneller Mischling, zwei Tugenden, die im Verein mit Aggressivität aus ihm einen gefürchteten Kämpfer machten.

Obwohl er eine Art Waffenrock gegen die Pfeile der Eingeborenen trug, waren sein Maul und sein Körper von vielen Narben übersät, Spuren der vielen Kämpfe, aus denen er stets als Sieger hervorgegangen war. In einer Schlacht soll er sogar mehr als 30 Gegner zerfleischt haben. Aber in einer Begebenheit zeigt sich die edlere Seite von Becerrillo. Eines Tages, erzählt eine Legende, trug der Hauptmann Diego de Salazar, zu jener Zeit sein Herr, einer alten Gefangenen auf, dem Gouverneur ein Schreiben zu überbringen. Er drohte ihr, sie umzubringen, sollte sie sich weigern. Kaum hatte sich die Alte jedoch aufgemacht, hetzte der Hauptmann Becerrillo auf sie, denn der Auftrag diente nur der Belustigung seiner Soldaten. Der Hund stürzte sich auf die Frau, aber diese ging vor ihm auf die Knie und flehte: »Herr Hund, tun Sie mir bitte nicht weh.« Becerrillo stand still, beroch die Frau, hob das Bein, um sie als sein Territorium zu markieren, und zog zur Enttäuschung der Spanier von dannen.

Als der Gouverneur von dem Ereignis hörte, befahl er, die Frau freizulassen und sofort die Zelte abzubrechen: »Gehen wir«, sagte er, »ich werde nicht zulassen, dass das Mitleid eines Hundes das eines Christenmenschen verdunkelt.«

12 Belka und Strelka

24 Stunden im Orbit um die Erde

Wenn man von Hunden im All spricht, dann fällt unvermeidlich der Name der Hündin Laika, der ersten Erdenkreatur in der Umlaufbahn. Aber die Liste der Vierbeiner, die die UdSSR zu Kosmonauten machte, ist viel länger. Von den 50er bis in die 60er Jahre des letzten Jahrhunderts wurden Dutzende Hunde, meist Streuner, unfreiwillig zu Flugpionieren auf den sowjetischen Raumschiffen.

Nicht alle Namen sind bekannt, aber sicher genossen Belka (Eichhörnchen) und Strelka (Pfeilchen) mehr als nur eine Viertelstunde Ruhm, als sie im Sommer 1960 einen ganzen Tag im All verbrachten und vor allem – im Gegensatz zu Laika – nach dem großen Unternehmen als Erste wieder heil nach Hause zurückkehrten.

Die beiden Hündchen, die wohl in Wahrheit Kaplja und Vilna hießen, deren Namen aber für die internationalen Medien zu banal klangen, wurden dem harten Training der Kosmonauten unterzogen: Sie gewöhnten sich daran, sich in der Zentrifuge zu drehen, einen Spezialanzug zu tragen und proteinreiche Nahrung zu sich zu nehmen.

Endlich gingen Belka und Strelka am 19. August 1960 in der Basis Baikonur im heutigen Kasachstan zusammen mit einem Kaninchen, zwei Ratten, 42 Mäusen und ungezählten Fliegen sowie Pflanzen und Pilzen verschiedenster Art an Bord der Korabl-Sputnik 2.

Am nächsten Tag um sechs Uhr morgens waren sie wieder auf der Erde. Was sie in jenen Stunden in der Umlaufbahn gefühlt hatten, weiß man nicht, aber auf den Fotos, die sich weltweit verbreiteten, erscheinen sie quicklebendig. Ein paar Monate später, 1961, konnte Strelka ihren Ruhm noch mehren, als der damalige Generalsekretär der UdSSR Nikita Chruschtschow ihre Tochter, die weiße Pushinka, Caroline Kennedy, der Tochter von JFK, schenkte. Mit einem Nachklang: Ungeachtet des Kalten Krieges verführte Pushinka einen anderen Präsidentenhund, Charlie, und zeugte mit ihm vier Welpen – *pupniks*, wie Kennedy sie scherzhaft taufte. Eben echte Weltraumhunde.

13__Bendicò

Eine Dogge für den Gattopardo

»Gib acht: Der Hund Bendicò ist ein ungeheuer wichtiger Charakter und fast der Schlüssel des Romans.« Offensichtlich lag dieses Schreiben an seinen Freund Enrico Merlo di Tagliavia vom 30. Mai 1957 seinem Verfasser Giuseppe Tomasi di Lampedusa sehr am Herzen. Denn zusammen mit der Nachricht in einem Ledereinband übersendete er ihm die einzige maschinengeschriebene Kopie eines Buches, das der adlige Sizilianer soeben beendet hatte, in dem er, Geschichte und Erinnerung verquickend, von Sizilien und einer Zeit halbherziger Revolutionen und verpasster Chancen erzählt.

»Il Gattopardo« wird im Jahr darauf publiziert und ist ein Riesenerfolg, der erste italienische Roman mit über 100.000 verkauften Exemplaren. Aber Tomasi di Lampedusa wird es nie erfahren, denn er stirbt kurz nach Verfassen des Briefes, in dem er den Freund bittet, den Text »sorgfältig zu lesen, denn jedes Wort wurde gewogen, und viele Dinge werden nicht klar benannt, sondern nur angeschnitten«. Umso wichtiger also der Hinweis auf Bendicò: Aber wie kann ein Hund, und sei er auch ein noch so riesiger, schöner Alano, der Schlüssel eines so komplexen Romans sein?

Und doch wird uns bei der Lektüre schnell klar, dass Bendicò keine bloße Nebenfigur ist, um den Roman leichter erscheinen zu lassen. Und das nicht nur, »weil es ein Roman ist, in dem fast alle Charaktere schlecht wegkommen und er der einzige gänzlich positive ist«, wie Tomasi di Lampedusa selbst bemerkt. Als stiller und treuer Schatten der Hauptfigur Fabrizio besitzt der Hund eine »hinreißende Tölpelhaftigkeit«, die als Gegenmittel zu den vielen Kümmernissen wirkt, die den Prinzen von Salina bedrängen wie »Ameisen, die sich auf eine tote Eidechse stürzen«.

Aber damit nicht genug. Auch wenn die Haut des Alano am Ende als Teppich Verwendung findet und auf einem Müllhaufen endet, hat Bendicò seinem Don Fabrizio doch zuvor die kostbarste aller Wahrheiten enthüllt: Man kann Freude ohne Forderung einer Gegenleistung schenken. Wie die Sterne am Himmel. Wie ein Hund – »in glücklicher Weise unerklärlich, unfähig, Angst zu erregen«.

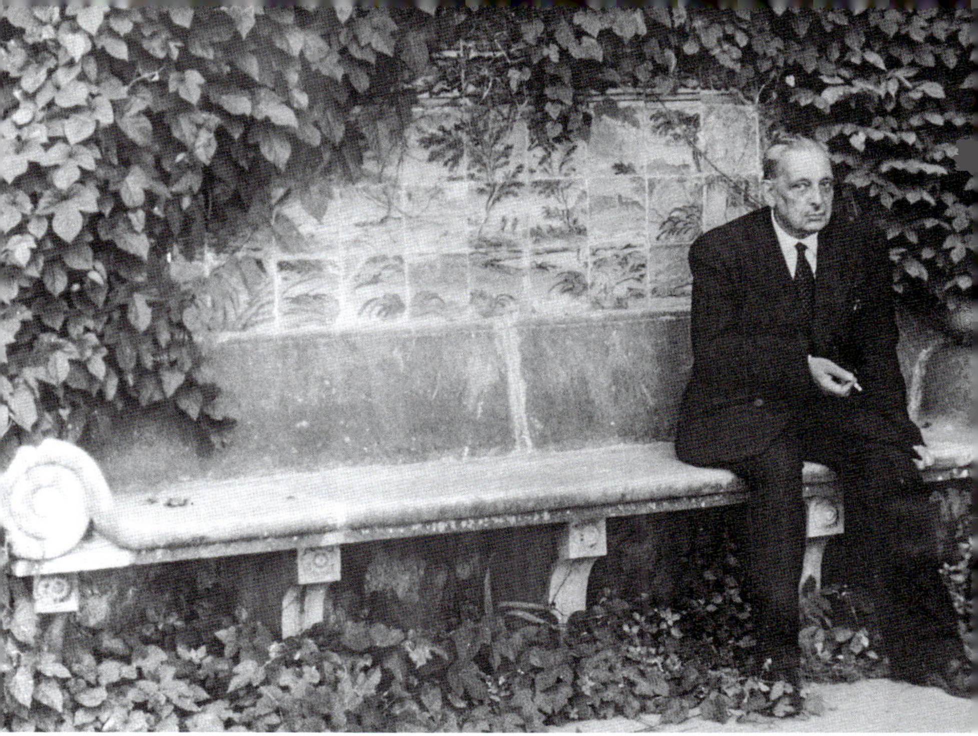

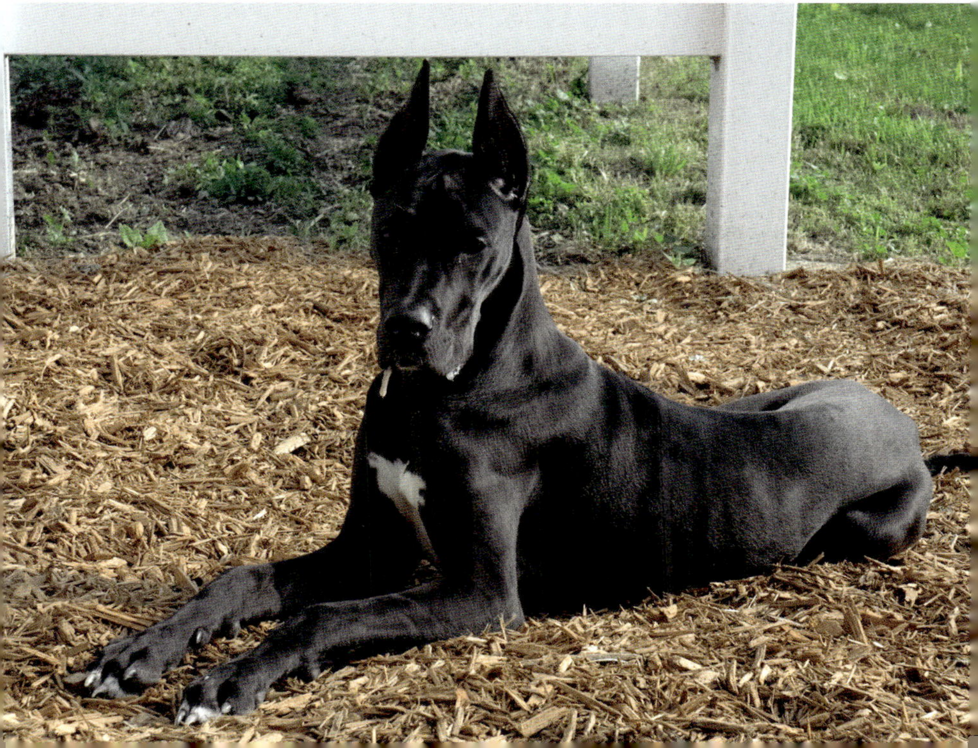

14___Blemie

Der Letzte Wille eines Hundes

Hunde, die ihr Testament gemacht haben, gibt es wohl nur einen: den haarigen Begleiter von Eugene O'Neill, dem Nobelpreisträger für Literatur von 1936. Ebendiesen Autor berühmter Theaterstücke wie »Strange Interlude« bat der sterbende Dalmatiner Silverdene Enblem – Blemie für Freunde und Familie – am 17. Dezember 1940, seinen Letzten Willen in Worte zu gießen. Jedenfalls behauptete dies O'Neill selbst.

»Ich habe nicht viele materielle Güter zu hinterlassen«, schreibt also Blemie durch die Hand von O'Neill. »Hunde sind weiser als Menschen. Sie hängen nicht an Dingen … Ich habe nichts Wertvolles weiterzugeben als meine Liebe und Treue.«

Aber Blemie ist beileibe kein Heiliger. Er weiß, dass er »ein sehr liebenswerter Hund« ist, und ist stolz darauf: »Wenn ich aufzählen müsste, wer mich alles lieb hatte, müsste mein Herr ein Buch darüber schreiben.«

Eugene und Carlotta bittet er, ihn nicht zu lange zu betrauern. Er ist sich bewusst, dass er sie durch seinen Tod traurig macht, tröstet sie aber: Nie hatte ein Hund ein glücklicheres Leben. Aber nun müsse er gehen: Er sei ein blinder, tauber, lahmer Hund, der nichts mehr erschnüffelt (»wenn ein Kaninchen vor meiner Nase vorbeiliefe, würde ich es nicht mehr riechen«).

Blemie möchte sich selbst und seinen Lieben keine Last sein. »Hunde fürchten den Tod nicht so wie die Menschen«, diktiert er und ermuntert sie, einen neuen Hund zu adoptieren, dem sie Halsband, Leine, Weste und Anorak vermachen sollen, die ihm 1929 von Hermès in Paris maßgeschneidert wurden, auch wenn er »sie freilich nicht mit derselben Vornehmheit tragen wird wie ich an meinen besten Tagen auf der Place Vendôme«.

Ein paar Stunden später entschläft Blemie und wird auf einem Grundstück nahe dem O'Neill-Haus begraben. »Wenn ihr mein Grab besucht«, so die letzten Worte des Testaments, »wird auch die Macht des Todes mich nicht daran hindern können, vor Dankbarkeit mit dem Schwanz zu wedeln.«

BLEMIE
(SILVERDENE EMBLEM)
BORN SEPT. 20, 1927 ENGLAND
DIED DEC. 17, 1940 TAO HOUSE
SLEEP IN PEACE FAITHFUL FRIEND

15 Boatswain

Inspiration auf vier Pfoten für Lord Byron

Wer mal einen Hund liebte und ihm Lebewohl sagen musste, kennt den Schmerz um den Verlust nur zu gut. Diesem Schmerz verlieh Lord Byron in seinem berühmten Gedicht »Epitaph to a Dog« Ausdruck, das er 1808 als 20-Jähriger nach dem Tod seines Boatswain schrieb.

»[…] Aber der arme Hund, im Leben der treueste Freund«, schreibt der Dichter unter anderem«, […] dessen redliches Herz immer seinem Herrn gehört, / der arbeitet, kämpft, lebt, atmet für ihn allein, / fällt ungeehrt, sein ganzer Wert bleibt unbemerkt, / der Himmel wird der Seele verweigert, die er auf Erden hielt …«

Dass Boatswain, englisch für »Bootsmann«, mit einer Seele gesegnet war, daran zweifelte Byron nicht einen Moment. Man hatte ihm den Neufundländer als Welpe geschenkt, als er selbst noch ein junger, ungestümer und scheuer Mann war, der von Geburt an hinkte und sein Leben zwischen dem Haus seiner Mutter (der Vater war weggezogen und lange tot) und dem Internat verbrachte und sich nirgends heimisch fühlte.

Damals entwickelte der junge George eine besondere Zuneigung zu Tieren: Später hatte er sogar einen zahmen Bären, und auf seinen Reisen begleitete ihn ein ganzer Zoo – zehn Pferde, acht Hunde, drei Affen, fünf Katzen, ein Adler, ein Rabe, ein Falke, fünf Tauben, zwei Perlhühner und ein Storch, wenn man der Auskunft seines Freundes Shelley Glauben schenken darf.

Mit Boatswain verband ihn jedoch ein besonderes Band, denn als der Neufundländer von einem tollwütigen Hund gebissen wurde, pflegte ihn Byron bis zu seinem Ende, überzeugt, dass sein Freund ihm nie etwas tun würde. Und so war es: »Boatswain ist gestorben!«, schrieb der Dichter in einem Brief. »Er verschlief in einem Zustand des Irrsinns am 18. [November] nach schwerem Leiden, bewahrte aber bis zum Schluss die Liebenswürdigkeit seiner Natur und tat niemandem etwas zuleide.«

Noch heute kann man auf dem Anwesen in Newstead in Nottinghamshire das große Grabmal bewundern, das Byron für Boatswain errichtete, der – so die Grabinschrift – »alle Tugenden des Menschen, nicht aber seine Tadel besaß«.

Adresse Newstead Village NG15 8NA, Großbritannien | **Öffnungszeiten** Mo – So 10 – 17 Uhr | **Tipp** Das Gedicht Byrons an seinen Boatswain ist auf dem Grabstein des Hundes im Park von Newstead Abbey eingelassen, dem Anwesen des Dichters in Ravenshead, Nottinghamshire.

16 Bob

Ein Leben auf der Lokomotive

Unter den Hunden wie unter den Menschen gibt es die sesshaften Typen, die in einem bequemen Sessel ihr Paradies finden, und die abenteuerlustigen, für die das Leben erst lebenswert ist, wenn sie Hunderte oder Tausende Kilometer zurücklegen. Bob gehört zweifellos zum Stamm der Reisenden.

Datum und Ort seiner Geburt sind unbekannt, wahrscheinlich kam er um 1878 im australischen Adelaide zur Welt. Er war noch nicht ein Jahr alt, als er – so die Legende – aus seinem Heim, dem Macclesfield Hotel, ausbüxste. Zweimal konnte man ihn wieder einfangen, nach dem dritten Mal wurde er für verschollen erklärt, auch wenn er gar nicht verschollen war, sondern lediglich Züge liebte und beschlossen hatte, seiner Bestimmung zu folgen.

Auf seinen Reisen durch den australischen Kontinent begegnete er einige Jahre später dem Polizisten William Ferry, der ihn im September 1884 bei sich aufnahm und – die Macht des Schicksals – im Februar 1885 zum Vize-Polizeichef von Petersburg (dem heutigen Petersborough) ernannt wurde, sodass Bob diese Stadt als Basis zwischen seinen Reisen erwählte.

Als Liebling der Eisenbahner, die um sein Wohl wetteiferten, wurde Bob zur Legende in ganz Australien. Wir wissen, dass Bob am liebsten in der Lokomotive fuhr und dass das Pfeifen des Zugs ihn begeisterte. Dagegen mochte er die Pendlerzüge der Städte gar nicht, zu vollgestopft für seinen Geschmack (und nicht nur für seinen). Er hatte auch einen Trick ersonnen, um garantiert ungestört zu reisen: Bei der Ankunft an einem Bahnhof bellte er lauthals los, damit die Passagiere einen anderen Waggon wählten. Anscheinend funktionierte der Trick.

Trotz einiger missgünstiger Vorkommnisse (er verlor einen Teil seines Schwanzes, wohl als er von einem fahrenden Zug sprang) starb er mit stolzen 17 Jahren. Auf seinem Halsband, das man im Railway National Museum von Port Adelaide bewundern kann, steht zu lesen: »Stop me not, but let me jog. For I am Bob, the drivers dog« (»Haltet mich nicht auf, lasst mich ziehen. Denn ich bin Bob, der Hund der Eisenbahner«).

Adresse Railway National Museum, 76 Lipson Street, Port Adelaide, South Australia | **Öffnungszeiten** täglich 10–16.30 Uhr

17_Brian

Ein Auto und ein Roman für den Hund der Griffins

Kann ein Hund auf zwei Pfoten laufen, einen Roman schreiben (wenn auch nicht gerade einen Bestseller) und einen Toyota Prius fahren? Ja, wenn er Brian heißt und einer der Griffins ist, der Familie des US-amerikanischen Sitcom-Cartoons für Erwachsene »Family Guy«, der auf beiden Seiten des Atlantiks populär ist und gleichzeitig von denen kritisiert wird, die seinen offen zynischen Humor nicht mögen. Niemand kann sich jedoch Brian entziehen, dem spitzfindigen, geselligen Hund mit ausgeprägter Leidenschaft für Martinis. Der Macher der Serie, Seth MacFarlane, liebt ihn so sehr, dass er ihm – natürlich nur im amerikanischen Original – seine eigene Stimme leiht. Und natürlich sind Cartoon-Fans so in ihn vernarrt, dass es Proteste hagelte, als er in der zwölften Staffel unter die Räder eines Autos geriet und starb. Nur ein paar Stunden nach der Ausstrahlung der Folge unterzeichneten Tausende Nutzer auf der Petitionsplattform change.org einen Appell, der seine sofortige Wiederauferstehung forderte, sonst wurde mit den schlimmsten Konsequenzen gedroht: »Brian verlieh der Serie einen geistreichen und witzigen Touch. Kehrt er nicht wieder, wird ›Family Guy‹ Zuschauer verlieren.«

Und so wurde nur zwei Folgen später der kleine Stewie Griffin auf eine Zeitreise geschickt, um die Sache wieder ins Lot zu bringen, auch wenn freilich ein Tweet von MacFarlane – »Dachtet ihr wirklich, wir würden Brian umbringen?« – an einen geplanten Coup denken ließ.

Etwas überraschend ist es schon, dass ein Hund wie Brian seine Vorderpfoten wie Arme nutzt und sogar über einen entgegenstellbaren Daumen verfügt, sind seine Eltern doch zwei ganz normale Vierbeiner namens Coco und Biscuit. Schon von klein auf kamen jedoch seine besonderen Neigungen zum Vorschein, die die Eltern nach Kräften förderten und ihn auf die Brown University schickten, wo Brian nur eine Prüfung fehlte, um seinen Abschluss zu machen. Das hält ihn jedoch nicht davon ab, sich oftmals als fähiger als seine vollwertig menschlichen Familienmitglieder zu erweisen – was aber schließlich auch für viele nicht-anthropomorphe Hunde gilt …

18 Brioche

Eine Therapeutin mit Schwanz und Fell

»Sie ist besser als jedes Beruhigungsmittel. Dank Brioche ist unsere Tochter ein anderer Mensch.« Zahlreiche Medien griffen Ende 2016 die Worte von Sabrina B. auf, der Mutter von Martina, einer 20-Jährigen mit der Diagnose Autismus.

Ein gerechtfertigtes Interesse, denn die schwarze und haarige Brioche ist das erste Beispiel eines ausgebildeten Assistenzhundes für Patienten, die an dieser komplexen und noch nicht gänzlich erforschten Krankheit leiden.

Aber diese Hündin wurde nicht nur zu diesem Zweck trainiert, sie ist gewissermaßen mit der Mission, bedürftigen Menschen zu helfen, gezeugt worden: Die Hunderasse Saint-Pierre, der Brioche angehört, wird im Französischen auch als *labernois* bezeichnet, ein Name, der die beiden Rassen Labrador und Berner Sennenhund zusammenschließt. Diese wurden von der Stiftung Fondation Mira (mit Stammhaus in Québec und Ablegern in Europa und den USA) gekreuzt, um Kinder und Heranwachsende mit Behinderungen – von eingeschränktem Sehvermögen bis hin zu Autismus – zu unterstützen.

Wie ihre Artgenossen hat auch Brioche eine strenge, in mehrere Phasen unterteilte Ausbildung absolviert. Mit zwei Monaten wurde sie von einer Pflegefamilie adoptiert, in der sie die Grundlagen des Lebens in der Gesellschaft lernte, nämlich stubenrein zu sein und mit verschiedenen städtischen Situationen wie Verkehrslärm und überfüllten Plätzen umzugehen. Sie erhielt speziellen Unterricht darin, sich sicher zu bewegen und – wichtig im Hinblick auf Autismus – sich jeder Form menschlichen Verhaltens anzupassen, ohne aggressiv zu werden.

Erst nach überstandener Schlussprüfung wurde Brioche als Assistenzhund zugelassen. Zur großen Freude von Martina, die seit ihrem Eintritt in den Haushalt fröhlicher ist und besser mit der Welt um sie herum interagiert. Und natürlich ihrer Mutter, die sich bei dieser Therapeutin mit Schwanz und Fell bedankte: »Ihre Ankunft hat unser Leben verändert.«

Hard Rock
CAFE

Piemonte
Lombardia
Calabria
Veneto
FONDATION
FREDERIC
GAILLANNE
ITALI
per giovani non vedenti

19_ Buck

Der Ruf der Wildnis

Von allen Hunden der Literatur – und das sind beileibe nicht wenige – ist Buck, der Held aus Jack Londons Roman »Ruf der Wildnis«, der wohl meistgeliebte. Das zeigt der sofortige durchschlagende Erfolg des Romans, der ab Sommer 1903 in Folgen in der amerikanischen Zeitschrift »Saturday Evening Post« abgedruckt wurde. Ein Erfolg, der eigentlich nie abriss und Anlass zu zahlreichen Kinoadaptionen gab. Die erste wurde schon 1923 in der Ära des Stummfilms produziert.

Ein dem Leser unbekannter Erzähler verleiht der Hauptperson eine Stimme, die der Worte nicht mächtig ist, dafür aber Gefühle empfindet, in die wir uns alle hineinversetzen können: das schmerzhafte Erstaunen, als das friedliche Leben der Kindheit und frühen Jugend traumatisch endet, die harte Schule des Überlebens – »das Gesetz des Knüppels und der Krallen« –, der blutige Konflikt mit seinem Rivalen (dem Leittier Spitz), die Liebe und Hingabe an alle, die ihm Verständnis und Zuneigung entgegenbringen, und schließlich die Wiederentdeckung eines tief vergrabenen Selbst, die zum Bruch mit seiner früheren Existenz führt.

Viele Leser wissen nicht, dass London für seinen Helden einen echten Hund als Vorbild wählte, den er als 21-Jähriger kennenlernte, als er wie so viele andere junge Leute vom Gold- und Abenteuerrausch angetrieben in den unermesslichen Norden Amerikas zog. Dort blieb er nicht lange, da die strengen Bedingungen dieses eisigen Landes an seiner Gesundheit zehrten. Doch in diesen Monaten in Dawson, im Yukon, quartierte sich der zukünftige Schriftsteller im Haus zweier Brüder ein, Marshall und Louis Bond, die Eigentümer eines majestätischen Hundes namens Jack waren, Sohn eines Bernhardiners und eines schottischen Collies: und aus diesem wurde Buck.

London selbst bestätigte dies nach Veröffentlichung des Romans in einem Brief an seine ehemaligen Vermieter: »Ja, das Modell für Buck ist euer Hund.« Von diesem Hund wissen wir nichts, nur das, was uns seine Geschichte berichtet. Und nur das zählt.

20__Caffaro

Ein »reinrassiger« Anhänger Garibaldis

Sein echter Name, den man ihm gab, als er noch ein Bulldog-Welpe war, hat sich in den Wirren der Geschichte verloren. Während des Dritten Italienischen Unabhängigkeitskrieges, genauer gesagt am 25. Juni 1866, kannte ihn ein ganzes Land nur als Caffaro, denn die Schlacht, an der er teilnahm, wurde am ehemaligen Grenzfluss zwischen Italien und Österreich, dem Caffaro, geschlagen.

Wie ein Hund einen Krieg erlebt, können wir nicht wissen, und heute betrübt uns die Vorstellung, dass Tiere in solch blutige Auseinandersetzungen der Menschen eingespannt werden. Aber aus den Zeugnissen der Zeit geht klar hervor, wie tapfer Caffaro kämpfte, auch wenn er – zum Glück – niemanden tötete.

In den Krieg war er zusammen mit seinem menschlichen Gefährten, dem Venezianer Giulio Grossi, gezogen. 1860 hatte sich Grossi den Garibaldi-Truppen in der Kampagne gegen die Bourbonen angeschlossen, und nun war er mit Kriegsausbruch unter den ersten Getreuen des Helden zweier Welten, schloss sich dem italienischen Freiwilligenkorps an und nahm seinen jungen und treuen Hund mit ins Feld.

Die Chroniken berichten für diesen 25. Juni, dass der Hund sich in den Pulverdampf stürzte und bei der Gefangennahme von zwei österreichischen Soldaten eine entscheidende Rolle spielte, was er mit zahlreichen Säbelwunden bezahlte. Nachdem er gesund gepflegt worden war, nahm er mit Grossi an weiteren Schlachten teil. Uns gefällt freilich eher die Vorstellung, dass er es aus Treue zu seinem Herrchen und nicht aus Kriegslust tat.

Denn als Grossi drei Wochen später, am 18. Juli, in einem Gefecht in Pieve di Ledro tödlich verwundet wurde, wich Caffaro tagelang nicht von seinem Grab und winselte ohne Unterlass. Manch einer behauptete, er wäre auch dort gestorben, während andere Quellen von einem Offizier sprechen, der ihn schließlich überzeugte, mit ihm nach Venedig zum Vater Grossis zu kommen, der dort als Gondoliere für ein Hotel in der Stadt arbeitete. Aber der Tod ereilte den Hund kurze Zeit später. Vielleicht war er ein Kampfhund, sicher aber war er ein treuer Hund.

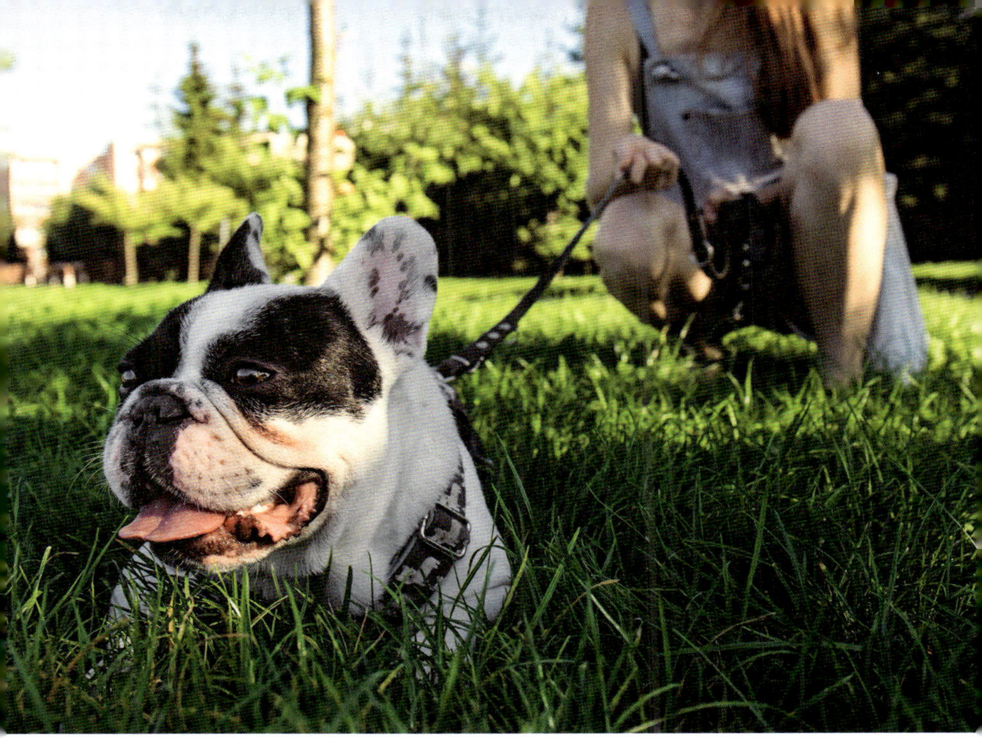

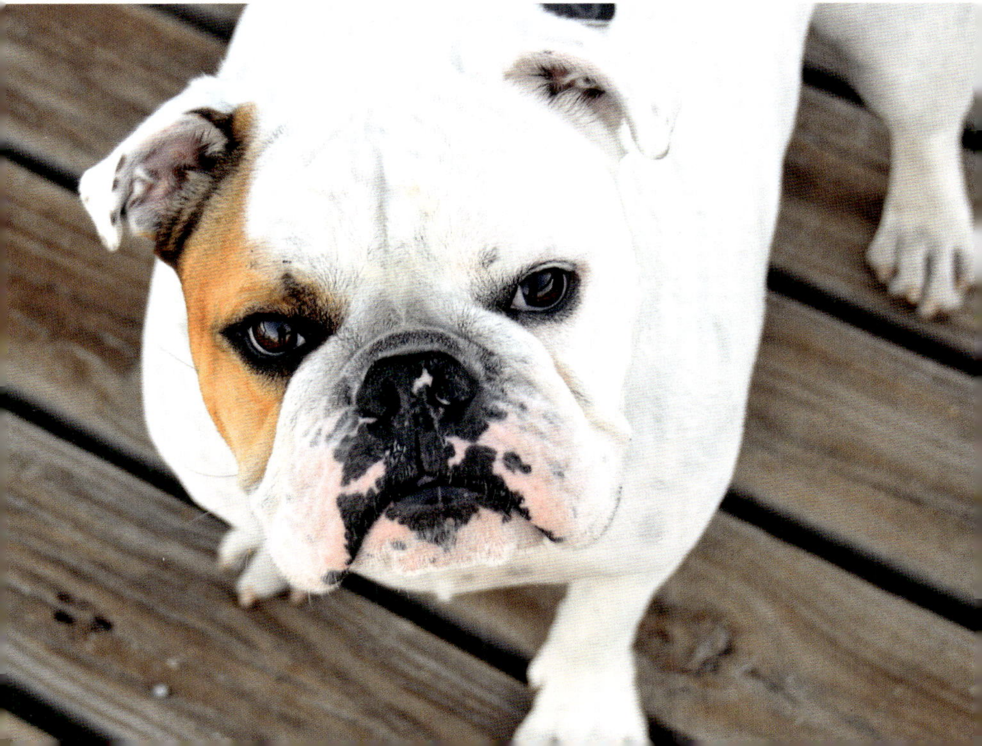

21 — Cap
Der Schutzhund der Krankenpfleger

Wir alle halten Krankenschwestern und -pfleger in Krankenhäusern, ihre fachkundige Betreuung und Pflege der Patienten für selbstverständlich, als hätte es sie schon immer gegeben. Aber bis vor zwei Jahrhunderten war das Krankenhausleben weitaus weniger organisiert, und diese Revolution verdanken wir hauptsächlich einer reichen, intelligenten und durchsetzungsstarken englischen Lady, Florence Nightingale, Urmutter der modernen Krankenschwestern. Und in dieser Geschichte spielte auch ein Hund eine große Rolle.

Beim Spaziergang mit einem Pfarrer im Februar 1837 in der Nähe der Familienvilla im englischen Derbyshire begegnet die 17-jährige Florence wie so oft dem Schäfer Roger, der in der Gegend seine Herde weiden lässt. An diesem Tag aber fehlt sein Hirtenhund, und das Mädchen erkundigt sich nach dem Grund. Da verdunkelt sich das Gesicht des Schäfers: Ein paar Unmenschen haben ihm mit Steinwürfen die Pfote gebrochen. »Ich kann ihn nicht behalten, ich werde ihn töten müssen«, sagt der Schäfer mit trauriger Miene und zeigt die Schlinge, mit der er dies zu tun beabsichtigt.

Bestürzt über die Geschichte, bittet Florence, den Hund sehen zu dürfen, und eilt zum Bauernhaus, in dem Roger lebt. Der Pfarrer untersucht die Pfote und stellt fest, dass es sich nicht um einen Bruch handelt. Mit ein paar Wickeln wird Cap bald schon wieder wie früher laufen können. Florence verliert keine Zeit: Unter Anleitung des Seelsorgers macht sie Verbände aus alten Stoffen, kocht diese ab und legt sie auf die gequetschte Pfote. Als Roger wieder nach Hause kommt, überzeugt sie ihn, noch ein paar Tage zu warten.

Der Hund wird gesund und nimmt sein altes Leben neben Roger wieder auf, und Florence Nightingale entdeckt ihre Berufung. In der Nacht zum 7. Februar hat sie einen Traum oder gar eine Vision: ihr Leben der Pflege anderer zu widmen. Sie stirbt mit 90 Jahren, nachdem sie die Soldaten im Krimkrieg gepflegt, eine ausgezeichnete Schule für zukünftige Krankenpfleger gegründet und ein Buch geschrieben hat, »Notes on Nursing«, das heute immer noch ein Klassiker dieses Berufsstands ist. Ein wenig Anteil daran hatte auch Cap.

22__Chaser

1.000 Wörter oder: Der Einstein der Hunde

Chaser ist Jahrgang 2002. Von Weitem betrachtet, scheint er ein ganz normaler Border Collie zu sein, einer dieser energetischen Vierbeiner, die von morgens bis abends herumtollen wollen. Zum Glück hat sein über 80-jähriges menschliches Pendant, John W. Pilley, ein verrenteter Psychologe, ein ähnlich dynamisches Wesen. Vielleicht hat Pilley gerade aufgrund der charakterlichen Ähnlichkeiten der beiden die Fähigkeiten von Chaser erahnt, der als einziger Hund der Welt – soweit man weiß – mehr als 1.000 Wörter kennt. Ein Einstein auf vier Pfoten also.

2004 hatte sich Pilley, bevor er Chaser bei sich aufnahm, mit einem anderen Border Collie, Rico aus Deutschland, beschäftigt, der über 200 Namen auswendig gelernt hatte. Und Pilley hatte beschlossen, das Experiment zu wiederholen. Kurz nach Chasers Ankunft im Heim des Psychologen begann ein tägliches Training von vier bis fünf Stunden. Pilley zeigte dem Hund dabei einen Gegenstand und wiederholte dessen Namen bis zu 40-mal, dann versteckte er ihn und beauftragte Chaser mit der Suche.

Was sich wie Folter anhört, war für Pilley und Chaser ein reines Vergnügen. Chaser lernte ein bis zwei Wörter am Tag, dazu wurde der Stoff wiederholt, bis das Wort saß. Dabei spielt die Rasse von Chaser laut Nicholas Wade, einem Journalisten der New York Times, eine wichtige Rolle: »Border Collies werden gezüchtet, um sich um Schafe zu kümmern. Können sie diese Aufgabe nicht erfüllen, muss man ihnen eine andere Aufgabe übertragen, sonst werden sie verrückt.«

Wie auch immer hat Chaser mit der Zeit 1.022 Namen auswendig gelernt und erst die Segel gestreckt, als Pilley zur Grammatik überging und herausfand, dass der Hund Verb und Nomen zu unterscheiden vermochte. Das von Pilley mit wissenschaftlicher Strenge dokumentierte Experiment wurde in mehreren Fachzeitschriften veröffentlicht.

Ist Chaser eine Ausnahme? »Der Züchter, bei dem ich Chaser erworben habe, war gar nicht so verblüfft über die Resultate, eher über meine Hartnäckigkeit«, erklärte Pilley. Ein Beleg dafür, dass der entscheidende Faktor im Umgang mit Hunden die Aufmerksamkeit ist.

23 Der chinesische Hund
Ein Vierbeiner für den Jadekaiser

Der traditionelle chinesische Tierkreis dreht sich um einen Zyklus von zwölf Jahren, von denen jedes in festgelegter Reihenfolge von einem Tier repräsentiert wird. Diese Tiere – so erzählen die Mythen – waren Teilnehmer eines Rennens, das der Jadekaiser am Anfang der Zeiten ausrief.

Den ersten Platz in diesem einzigartigen Wettbewerb, in dem sich unter anderem Ochse und Tiger, Drache und Ziege miteinander maßen, belegte die Maus, die trotz ihrer geringen Größe alle Konkurrenten durch ihre Schläue abhängte. Aber weshalb wurde der Hund nur Elfter, also Vorletzter, gefolgt allein vom Schwein? Der Mythos hält eine Erklärung bereit, die vielen einleuchtend erscheinen wird, die einen Vierbeiner zum Freund haben, der auf seinem Weg wirklich keine Pfütze auslassen kann. So wird erzählt, dass der Hund, als er einen Fluss überqueren sollte, der Versuchung erlag, ein schönes Bad zu nehmen und sich ausgiebig zu schütteln, und auf diese Weise kostbare Zeit verlor.

Trotz seiner schlechten Platzierung im kaiserlichen Rennen kann sich der Hund im chinesischen Horoskop großer Wertschätzung rühmen, und wer in seinem Zeichen geboren ist, besitzt (angeblich) sämtliche ihm zugeschriebenen Eigenschaften: in erster Linie Loyalität, ein Charakterzug, der Vierbeiner aller Breitengrade eint, dazu große Geselligkeit und die verdienstvolle Fähigkeit, Freunden in Not zu helfen.

Natürlich fehlt es auch nicht an weniger bezaubernden Merkmalen: So scheint es, dass der Hund-Geborene mit einer inneren Angst fertigwerden muss, von der er sich nur schwer befreien kann, und dass gleichzeitig eine gewisse Störrigkeit typisch für ihn ist, die sich in der Familie, im Beisein seiner Lieben, aber mildert.

Ob das stimmt? Wir würden nicht darauf schwören, aber für alle, die daran glauben, möchten wir noch anfügen, dass das chinesische Horoskop allen im Jahr des Hundes Geborenen empfiehlt, sich bald eine sportliche Tätigkeit zu suchen. Ein Rat, den man allen Sternzeichen nur nahelegen kann.

24__Cujo

Ein Bernhardiner in Horrorausführung

Eines Tages im heißen Sommer 1977 bemerkt ein junger amerikanischer Autor, Stephen King, aus dem kleinen Ort Bridgeport in Maine, dass sein Motorrad Probleme hat. Der einzige Mechaniker der Gegend wohnt abgelegen. Als der Schriftsteller dort ankommt, kommt ein Hund zähnefletschend aus der Garage auf ihn zu (»der größte Bernhardiner, den ich je gesehen habe«).

Vier Jahre später. King, der es in diesem schicksalhaften Jahr 1977 mit »The Shining« zum ersten Mal in die Bestsellerliste der USA schafft, veröffentlicht einen weiteren Text, den er schlicht »Cujo« nennt, nach dem Namen seines Helden, einem riesigen tollwütigen Bernhardiner, der eine Mutter mit Kind tagelang in einem Auto unter der glühenden Sonne gefangen hält.

Leider erinnert sich der Autor nicht mehr daran, wie das Buch zustande kam, denn er war – wie er selbst bezeugt – beim Schreiben ständig in einen Nebel aus Alkohol und anderen Drogen eingehüllt. Aber das Resultat kann sich sehen lassen, ist »Cujo« doch einer seiner besten Romane, und auch die Verfilmung aus dem Jahr 1983 mit dem Vierbeiner, der durch die Tollwut zu einer Inkarnation des Bösen wird, hat sich tief im Gedächtnis des Kinopublikums eingeprägt.

Für die anspruchsvolle Rolle wurden verschiedene Bernhardiner eingesetzt (die tatsächliche Zahl ist unbekannt, es sollen fünf bis 13 gewesen sein), denen für einige Szenen ein als Hund verkleideter Schauspieler und ein mechanischer Hund an die Seite gestellt wurden, während der als Bernhardiner verkleidete Labrador, den man zuerst erwogen hatte, verworfen wurde. »Jeder Hund hatte eine eigene Aufgabe«, erläuterte Jahre später der Regisseur Lewis Teague. »Einer musste zum Beispiel vor der Kamera bellen, ein anderer wurde darauf trainiert, entlang bestimmter Wege zu rennen.«

Keiner auf dem Set konnte den liebevollen Bernhardinern aber das Schwanzwedeln austreiben. Da dies dem Horroreffekt verständlicherweise abträglich war, wurden ihre Schwänze mit einer Angelleine angebunden.

25 Danny

Ein haariger Lehrer zum Lernen des Abc

Wir können nicht beschwören, dass Danny wirklich alles versteht, was er sich so anhören muss. Aber letztendlich wäre das auch nur ein spitzfindiges Detail: Fakt ist, dass Danny ein perfekter Zuhörer ist, der den Sprecher nicht unterbricht, kritisiert oder eventuelle Fehler berichtigt – all das, was wohlmeinende Eltern und Lehrer bei Kindern tun, die gerade zu lesen oder schreiben begonnen haben oder sich damit schwertun.

Daher weist der Windhund Danny – der in einer Grundschule im englischen Staffordshire tätig ist – die idealen Merkmale eines »Alphabetisierungs-Mentors« auf. Auf seine wichtige Rolle hat sich Danny gut vorbereitet. Er ist Teil des READ-Programms (Reading Education Assistance Dogs), das Ende der 1990er in den USA eingeführt wurde und seitdem in vielen Ländern Anwendung findet, einschließlich Deutschland. Wie alle in diesem Programm eingesetzten Hunde hat Danny zusammen mit seinem menschlichen Halter einen mehrmonatigen Schulungskurs durchlaufen und ist regelmäßigen Prüfungen ausgesetzt.

Hat er alle Anforderungen für das Programm erfüllt, wozu etwa die Fähigkeit gehört, allzu liebevolle Streicheleinheiten stoisch hinzunehmen oder der Versuchung zu widerstehen, seine Schnauze auf der Suche nach einem Imbiss in die Schultaschen zu stecken, dann ist er bereit, mit seinem Halter an Schulen und Bibliotheken vorstellig zu werden, wo die jungen Leser ihre Unsicherheiten in Gegenwart eines so wohlwollenden Zuhörers vergessen.

Glaubt man den Eltern und Lehrern, sind die Lernerfolge beeindruckend: »Meine Tochter liest jetzt nicht nur besser, sondern fühlt sich in der Schule auch viel sicherer«, sagte eine Mutter in der Auswertung des Experiments.

Sicher, manchmal schließt Danny, der ganz Ohr für die Geschichten ist, kurz seine Augen und macht ein Schläfchen, aber sein Führer, Tony Nevett, nimmt das locker: »Ich sage den Kindern, dass der Hund nun die gerade gehörte Geschichte träumt.« Vielleicht stimmt das ja auch.

26_Dempsey
Drei Jahre im Todestrakt

Die Geschichte von Dempsey geht gut aus, sodass man sich gerne an sie erinnert, auch wenn viele Menschen in und außerhalb Großbritanniens in den drei langen Jahren, die er im Todestrakt verbrachte, um sein Leben bangten. Aber der Reihe nach. Dempsey ist – oder war, denn er starb 2003 mit 17 Jahren – ein Pit Bull Terrier. Diese unterliegen dem Dangerous Dogs Act aus dem Jahr 1991, einem britischen Gesetz, nach dem Hunde, die zu bestimmten Rassen gehören, als gefährlich angesehen werden, und das ihre Besitzer dazu verpflichtet, ihnen im Freien und im öffentlichen Raum einen Maulkorb anzulegen – sonst droht die Todesstrafe.

Der Dangerous Dogs Act wurde im Zuge verschiedener Vorfälle beschlossen, die ein großes mediales Echo und öffentliche Empörung hervorriefen. Wie ähnliche Maßnahmen in anderen Ländern (in Deutschland etwa die Einstufung als »Gefährlicher Hund«) wurden diese Gesetze bei allem Nutzen auch für ihre Pauschalisierung kritisiert. Aber von alldem wusste Dempsey natürlich nichts, als er sich wenige Monate nach Annahme des Gesetzes den gewohnten Maulkorb überziehen ließ und zum abendlichen Gassigehen aufbrach. Dabei geschah es, so die Schilderung seines jungen Begleiters, des Enkels der Besitzerin Dianne Fanneran, dass der Hund von starkem Brechreiz geschüttelt wurde, sodass der Junge ihm aus Furcht, er könne ersticken, den Maulkorb abnahm. Zufällig kamen in diesem Moment zwei Polizisten vorbei. Das Gericht von Ealing entschied, dass das Tier eingeschläfert werden müsse.

Aber Frau Fanneran gab nicht auf und brachte einen Rechtsstreit in Gang, der durch verschiedene Instanzen ging und von Zeitungsartikeln angeheizt wurde, während Brigitte Bardot in Frankreich vergeblich anbot, den Hund bei sich aufzunehmen, um ihm die Giftspritze zu ersparen. Als alles schon verloren schien, wurde ein Formfehler entdeckt, der zur Aufhebung der Klage führte, sodass Dempsey zu den Fannerans zurückkehren konnte. Und dann? Von dem, was dann geschah, wissen wir nichts – der wohl aussagekräftigste Beleg dafür, dass die Sache ein wirklich gutes Ende gefunden hat.

27 Dinky

Ein singfreudiger Hund im Herzen Australiens

Canis dingo oder *canis lupus dingo?* Was ist ein Dingo: ein Hund, ein Wolf oder eben ein … Dingo? Auch wenn letztere Annahme heute überwiegt, ist die Diskussion um die zoologische Einordnung dieses australischen Hundeartigen noch nicht ganz erloschen. Aber wir wollen hier nur über einen Dingo im Besonderen sprechen, nämlich Dinky, der in der ganzen Welt durch seine Sangeskünste berühmt wurde.

Jim Cotterill, ein Restaurantbesitzer im zentralen Teil des Kontinents, 90 Kilometer von Alice Springs, hatte ihn 2001 im Alter von acht Wochen aufgefunden und in seine Obhut genommen, um ihn vor größeren wilden Tieren und den Farmern zu schützen, die Dingos wegen Angriffen auf ihre Herden nicht gerne sehen.

»Jedes Jahr werden Maßnahmen zur Eindämmung ihrer Zahl eingeleitet«, erzählt später Jims Tochter Nicola, die damals noch ein kleines Mädchen und zusammen mit ihrer Schwester Temple die Erste war, die Dinkys Talent entdeckte. »Eines Tages saß ich am Klavier in der Bar und habe zu spielen begonnen. Er hat sofort laut zu heulen angefangen, sodass wir anfangs dachten, er möge keine Musik. Dann wurde uns klar, dass er uns damit begleiten wollte. Wenn jemand spielte, bestieg er sogar das Klavier und drückte neben seinem Heulen mit den Pfoten die Tasten.«

Schnell verbreitete sich die Nachricht vom musikalischen Dingo, und die Anzahl der Kunden, die lange Wege zum Stuarts Well Roadhouse auf sich nahmen, vergrößerte sich in schwindelerregender Weise. Dinky war bald so berühmt, dass ihm zum 20-jährigen Jubiläum von Trivial Pursuit eine eigene Frage gewidmet wurde.

Jahrelang trat Dinky »spielend« und »singend« auf (auf YouTube kann man ihn am Werk sehen), bis er sich 2013 – durch eine Arthritis in seinen Bewegungen eingeschränkt – aus dem Rampenlicht zurückzog und ein Jahr später starb. Aber, so Cotterill, »er hat viel für den Tourismus in unserer Gegend getan und Vorurteile über Dingos abgebaut«. Die schließlich seine ursprüngliche Familie waren.

28—Das Dog Collar Museum

Fünf Jahrhunderte Hundehalsbänder

Neben dem Museum der Salzstreuer (Tennessee, USA) und dem Phallologischen Museum (Reykjavík, Island) kommt dem Dog Collar Museum ein weiterer Ehrenplatz für abwegige Sammlungen zu – ein Museum für Hundehalsbänder, das unweit von London in einem prächtigen Schloss untergebracht ist.

Leeds Castle wurde 1119 von einem normannischen Baron errichtet, war königliche Residenz (unter anderem nächtigten hier Heinrich VIII. und seine erste Frau, Katharina von Aragon) und wechselte in der Folge ständig den Eigentümer, bis es in den 1920er Jahren von einer angloamerikanischen Erbin, Lady Baillie, erworben wurde, die hier große Feste ausrichtete, zu denen Berühmtheiten wie der Regisseur Charlie Chaplin oder Ian Fleming, der Erfinder von James Bond, eingeladen waren. Aber wenn Sie denken, dass das Museum für Hundehalsbänder den Besuch nicht lohnt, dann irren Sie gewaltig.

Das Museum entstand aus der Sammelleidenschaft von Gertrude Hunt, die zusammen mit ihrem Mann John, einem bekannten Mediävisten, ihr Leben mit dem Sammeln verschiedenster Objekte verbrachte. Diese heterogene Sammlung zieht jedes Jahr etwa eine halbe Million Besucher aus aller Welt an und umfasst auch 100 Hundehalsbänder, die die Geschichte der Beziehung zwischen Hunden und Menschen erzählen.

Wie schon die Fabel Äsops, die später von Phaedrus aufgenommen wurde, erzählt, ist das Halsband zuallererst ein Instrument der Unterwerfung, aber zu diesem Hauptzweck gesellen sich weitere, die sich im Laufe der Geschichte wandelten. Unter den ältesten Stücken der Sammlung befindet sich etwa ein spanisches Halsband für Schäferhunde aus dem ausgehenden 16. Jahrhundert, das eine Art Waffe ist und mit Spitzen zur Verletzung von Angreifern, wie Wölfen, Bären und Wildschweinen, ausgestattet ist. Ab dem 18. Jahrhundert wird das dekorative Element immer wichtiger, und Metall- oder Samteinlagen, scharfsinnige Zitate, kleine Perlen und Diamanten können bewundert werden. Die neuesten Exemplare belegen, dass die Mode mittlerweile auch vor Hundehalsbänder nicht haltmacht.

29__Doug the Pug
Der (vierbeinige) König der Popkultur

Ein Handbuch, wie man ohne Worte zum König der Popkultur wird. Grundvoraussetzung: vier Pfoten und ein Schwanz. Zudem muss man sehr fotogen sein und sollte kein Problem mit lächerliche Posen haben. Eine menschliche Begleiterin, die bevorzugt im PR-Bereich arbeitet, ist ebenfalls hilfreich. Das Rezept mag nicht unfehlbar sein, aber für Doug the Pug hat es funktioniert, denn mit mehr als zwei Millionen Followern auf Instagram und als »Autor« eines Buches, das seinen Namen trägt und in die Bestsellerliste der New York Times aufgenommen wurde, hat man schließlich etwas vorzuweisen.

Auch wenn diese Karriere nach Angabe der Adoptivmutter und zweibeinigen Vollzeitmanagerin Leslie Mosier eher zufällig begonnen hat. Am Anfang stand die 13-jährige Leslie, die sich einen Hund wünschte, und nicht nur irgendeinen, sondern einen Mops, auf Englisch Pug, dem sie bereits einen Namen gegeben hatte, Doug. Ein Sprung in die Zukunft: Leslie, die mittlerweile Betriebswirtschaft studiert hat und Social-Media-Managerin in der Musikindustrie geworden ist, erfüllt sich ihren Traum.

Im Sommer 2012 kann sie endlich auf einem Parkplatz in Nashville, wo sie lebt, den kleinen Doug aus einer Aufzucht in Ohio in die Arme schließen. Ein Foto verewigt diesen Augenblick, das 32-Zähne-Lächeln von Leslie und der etwas erstaunte Ausdruck des Welpen, der nicht weiß, dass es nur das erste von unzähligen Fotos sein wird. Den Rest kann man sich denken: Leslie eröffnet ein Instagram-Profil für Doug und postet eine Menge Fotos von ihrem Hund in verschiedenen Posen, in natürlicher Haltung oder in den abwegigsten Verkleidungen. Ein Lawineneffekt folgt: Die Follower vermehren sich sprunghaft, die Medien beginnen sich für diese Sache zu interessieren. Doug ist eine Berühmtheit. So berühmt, dass Leslie 2015 ihren Arbeitsplatz kündigt, um sich dem zu widmen, was man mittlerweile als Brand ansehen muss.

Viel Schein und wenig Sein, bemerken manch böse Zungen. Aber Leslie entgegnet, dass Doug oft Menschen zum Lächeln bringt, denen das Leben dazu wenig Anlass gibt. Und der »Pug« selbst scheint auch zufrieden. Böse Zungen schämt euch und schweigt!

30___Elmo
Das neue Leben der Seniorenhunde

Wer sich einen Hund als Freund und Begleiter für einen Lebensabschnitt zulegt, der wird sich über die Größe und vielleicht auch über die Rasse, aber sicherlich nicht um eines Gedanken machen: das Alter. Wer einen Vierbeiner adoptiert, denkt fast immer an Welpen, die vor Kurzem erst die sichere Obhut der Mutter verlassen haben.

Aber was geschieht mit den vielen anderen Hunden, die aus dem einen oder anderen Grund allein sind in einem Alter, da sie nicht mehr der zarte Schein der Jugend umgibt? Zu oft beenden diese Tiere ihr Dasein leider in Tierheimen, wo sie trotz der Mühen von Angestellten und Freiwilligen ein trauriges Leben führen, in dem jeder Tag dem anderen gleicht. Seit einiger Zeit werden jedoch in einigen Ländern, darunter auch in Deutschland, Organisationen gegründet, die sich für die Adoption von älteren, oder feiner ausgedrückt: von Seniorenhunden, einsetzen.

Dies half auch Elmo, der so ein neues Heim gefunden hat. Sein Foto wurde im Rahmen des Thulani Program ins Netz gestellt, einer Organisation für die Adoption ausgesetzter Hunde, die in den USA tätig ist. Wirklich anziehend wirkte er dort nicht: graues Fell, geschwollene Pfoten, eine große Wunde an der Flanke. Seine elf Jahre nahm man Elmo ab, eigentlich wirkte er noch älter.

Aber Steve Frost, ein pensionierter Feuerwehrhauptmann aus Nordkalifornien, verliebte sich auf den ersten Blick in diesen heruntergekommenen Schäferhund, der ständiger Pflege bedurfte und nach Jahren in einem Hundezwinger wieder dazu erzogen werden musste, stubenrein zu sein.

Von der Vergangenheit Elmos weiß Steve nichts, nur dass er irgendwann ausgesetzt wurde, das ist alles. Jeden Tag verabreicht er ihm vier Tabletten für seine zahlreichen Wehwehchen, hat seine Genesung nach einer Prostata-Operation begleitet, fährt ihn mit seinem Wagen Gassi und möchte ihn demnächst sogar mit in ein Flugzeug nehmen, wenn es klappt. Karin Brulliard von der »Washington Post«, die ihn fragte, ob er nicht sein Ableben fürchte, sagte er: »Wenn es keinen Schmerz gäbe, müsste man sich fragen, ob es Liebe gab.«

Tipp Es gibt zahlreiche Organisationen und Gruppen auch in Deutschland, die sich für die Adoption älterer Hunde einsetzen, wie etwa www.graue-schnauzen.de mit Annoncen von Senioren-Vierbeinern auf der Suche nach einem neuen Heim.

31 — Emily und die anderen
Die pelzige Familie der Peggy Guggenheim

Die Ersten waren 1945 Emily und White Angel, gefolgt von Cappucino (mit nur einem c) und Baby. Später kamen noch Pegeen, Peacock, Sir Herbert, Toro, Madam Butterfly, sodann Foglia, Sable, Gypsy. Als Letzte trugen sich Hong Kong und Cellida in den Stammbaum ein, Letztere starb 1979, im selben Jahr wie ihre menschliche Übermutter, Peggy Guggenheim.

Die berühmteste Kunsthändlerin des 20. Jahrhunderts war mit ihrem Lebenswandel ein klassisches Beispiel für das »arme reiche Mädchen«: Ihr geliebter Vater starb auf der »Titanic«, als sie noch ein kleines Kind war; mit der Mutter – wie auch mit ihren zwei Ehemännern Lawrence Vail und Max Ernst und ihren zahllosen Geliebten – pflegte sie eine konfliktreiche Beziehung; die Tochter Pegeen starb jung an einer Medikamentenüberdosis. Neben ihrem Vermögen gaben die rastlose, unerschöpfliche Energie und ihre intuitive Neugier auf neue Entwicklungen in der Kunst Peggy Halt im Leben.

Aber wirklichen, wenn auch nur kurzzeitigen Seelenfrieden erfuhr Peggy Guggenheim in ihrem bewegten Leben von ihren 14 Lhasa-Apso-Hunden, die ihr von Generation zu Generation Gesellschaft leisteten. Sie organisierte ihre Schäferstündchen, suchte für sie passende Gefährten aus, verzweifelte aber auch nicht, als ein unternehmungslustiger Rüde Gypsy zur Mutter von Hong Kong und Cellida werden ließ. Sie richtete ihren venezianischen Palazzo, wo sie von den 1940er Jahren bis zu ihrem Tod lebte, mit schlichten Möbeln ein, damit ihre Hündchen sich möglichst frei bewegen konnten. Auf den unzähligen Fotografien in ihrer persönlichen Gondel oder unter den mit Picasso bestückten Wänden im eigenen Heim sind unvermeidlich die Lhasa-Hunde mit ihr zusammen zu sehen.

Sie waren ihre wahre Familie, und dasselbe galt auch umgekehrt. In Familien werden die sterblichen Überreste ihrer Mitglieder (meistens) nah beieinander begraben, und so ist es auch im Garten hinter dem Ca' Venier dei Leoni: auf der einen Seite Peggy und auf der anderen ihre *beloved babies*, mit Geburts- und Todesdatum. Die Besucher schauen, wundern sich und sind gerührt.

Adresse Dorsoduro, 701–704, 30123 Venedig, Italien | **Öffnungszeiten** täglich 10–18 Uhr außer Di, 25. Dez. geschlossen | **Tipp** Das Grab von Emily und ihren Abkömmlingen befindet sich im Außenbereich der Sammlung Peggy Guggenheim in Venedig, zusammen mit den Skulpturen von Max Ernst und Hans Arp.

32 Ettore

Ein Polizist mit dunkler Vergangenheit

Wie so viele, Menschen und Hunde gleichermaßen, hatte Ettore eine unglückliche Kindheit. Damals nannten sie ihn Miele (Honig), aber anders als der Name vermuten lässt, wurde Ettore für verbotene, geheim stattfindende Hundekämpfe eingesetzt. Ein Schicksal, das leider viel mehr Hunden widerfährt, als man gemeinhin denkt: Nach Berechnungen des italienischen Nationalen Instituts zum Tierschutz müssen Tausende Pitbulls, Rottweiler, Bullterrier, aber auch eigens zu diesem Zweck aufgezogene Mischlinge jedes Jahr in grausamen und häufig tödlichen Kämpfen antreten, die Kriminellen viel Geld in die Kassen spülen (circa 300 Millionen Euro jährlich).

Laut Polizeibericht wurde der junge Miele, ein schöner heller Labrador, als Sparringspartner im Training eingesetzt, und sicher wäre ihm ein schlimmes Ende beschieden gewesen, wenn der illegale Hundezwinger, der von einer kriminellen Organisation in Mittelitalien betrieben wurde, nicht aufgeflogen und beschlagnahmt worden wäre.

So begann das zweite Leben Mieles, der unter seinem neuen Namen Ettore zu Rehabilitierungszwecken in die Hundestaffel des römischen Flughafens Leonardo da Vinci eingegliedert wurde. Ihm wurden ein besonders erfahrener (menschlicher) Hundeführer und eine »Lehrerin« auf vier Pfoten, Oksa, an die Seite gestellt, die sein Vorbild wurde. Wie er ist sie ein Labrador und war bereits an verschiedenen Polizeieinsätzen beteiligt.

Es dauerte einige Monate, aber zum Glück erwies sich Ettore als fähiger Schüler, der im Frühling 2012 seinen ersten Einsatz im Feld – einem Flugfeld wohlgemerkt – feiern konnte, wo der Hund eine illegale Fracht geschützter Tropenvögel aufspürte, welche den Behörden übergeben wurde.

Mit bestandener Prüfung wurde Ettore am römischen Flughafen Ciampino fest angestellt, das erste Mal überhaupt, dass ein für illegale Hundekämpfe bestimmtes Tier zum Polizeihund avancierte. Ein schöner Rekord, der aber für ihn vor allem ein besseres Leben bedeutet.

33_Fala

Der kleine dunkle Schatten von F. D. Roosevelt

Fala kam im November 1940 ins Weiße Haus. Er war sieben Monate alt, und Daisy Suckley, Cousine und Freundin von Franklin Delano Roosevelt, hatte ihm die guten Manieren der Gesellschaft beigebracht, bevor sie ihn dem Präsidenten schenkte. Die Öffentlichkeit war sofort von diesem kleinen Scottish Terrier eingenommen, der Roosevelt überall begleitete. Der kleine schwarze Hund war auf Roosevelts Reisen nicht mehr wegzudenken, sodass übelwollende Individuen sogar einen Plan ausheckten, um ihn für politische Zwecke zu instrumentalisieren. So verbreiteten die Republikaner während der Präsidentschaftskampagne 1944 das Gerücht, dass Roosevelt mit dem Geld der Steuerzahler ein Kriegsschiff beauftragt habe, Fala abzuholen, den man aus Versehen auf den Aleuten vergessen habe.

Aber am 23. September ging Franklin Delano mit der als »Fala-Rede« berühmt gewordenen Rede zur Gegenoffensive über: »Den republikanischen Spitzen reicht es nicht, mich, meine Frau und meine Kinder zu attackieren. Jetzt gehen sie auch dazu, meinen Hund Fala übel zu verleumden. An meiner Familie und mir perlen die Angriffe ab, aber an Fala nicht. Fala ist Schotte, wie Sie wissen, und als er erfuhr, dass die republikanischen Lügenmäuler im Kongress und außerhalb sich die Geschichte ausgedacht hatten, ich hätte ihn auf den Aleuten vergessen und mit einem Torpedoboot auf Kosten der Steuerzahler zurückgeholt, hat seine schottische Ehre rebelliert, und seitdem ist er nicht mehr derselbe.«

Diese vom Zauberer Orson Welles orchestrierte und im Rundfunk verbreitete Rede ließ ganz Amerika lachen. Roosevelt wurde wiedergewählt, starb aber nur ein paar Monate später im April 1945. Fala nahm am Begräbnis teil. Fortan lebten er und Eleanor Roosevelt zusammen in einem Haushalt und wurden bald untrennbare Freunde. Er starb 1952 und wurde wenige Meter vom Grab des Präsidenten bestattet. Heute sind Statuen der beiden, Mensch und Tier, in der Nähe des Franklin Delano Roosevelt Memorials aufgestellt, das 1997 in Washington eingeweiht wurde. Wie es sich für das bekannteste der *presidential pets* gehört.

Adresse Das 1997 vom damaligen Präsidenten Clinton eingeweihte Franklin Delano Roosevelt Memorial liegt in Washington, 400 West Basin Drive SW.

34 Fay Ray

Eine Ikone der Kunst des 20. Jahrhunderts

Von ihr sagte mal jemand, sie sei die fotogenste Hündin der Welt. Schaut man sich heute die Fotos und Videos an, die ihr Entdecker, der amerikanische Künstler William Wegman, von ihr machte, ist das vielleicht keine Übertreibung. Ihr Name: Fay Ray – »*the supermodel dog*«, wie sie das »Smithsonian Magazine« bezeichnet hat –, eine graue Weimaranerin, die zur Kunstikone des 20. Jahrhunderts wurde.

Die erste Begegnung zwischen Mensch und Hund erfolgte 1985 und war gar nicht erfolgversprechend. Wegman hatte bereits einen Weimaraner gehabt, Man Ray, der als Protagonist vieler Werke der 1970er Jahre berühmt wurde, und betrachtete daher diese Phase seines Lebens als abgeschlossen. Der Hund war ein Geschenk von einer Züchterin aus Memphis, die überzeugt war, dass diese Welpin den Künstler dennoch für sich einnehmen würde. Die Züchterin sollte recht behalten, denn die »wunderbaren runden und goldumrandeten Augen« von Fay Ray (der Name ist eine Hommage an ihren Vorgänger einerseits und an die schöne Hauptdarstellerin aus »King Kong« andererseits) bezirzten Wegman, der den Hund mit nach New York nahm.

Sechs Monate lang geschieht nichts. Eines Tages macht sie ihm klar, dass sie bereit ist: »Sie schien mir zu sagen: Ich bin nicht extra aus Tennessee gekommen, um in deinem Studio rumzuhängen«, erzählte der Künstler später. Also wird das Set vorbereitet. Der Fotoapparat ist eine Polaroid 20x24, dieselbe, die für die Aufnahmen von Man Ray Verwendung fand. Und Fay – behauptet jedenfalls Wegman – verwandelt sich vor dem Apparat und stellt ihre ganze Verführungskraft zur Schau.

Aber sie gibt sich nicht damit zufrieden, ihre Schönheit auszustellen, sie hat es auf Herausforderungen abgesehen. So entsteht der Werkzyklus »Roller Rover« mit Fay, die Rollschuhe mit einer Lässigkeit trägt, die viele Menschen vor Neid erblassen lässt und – laut Wegman – dem Bild eine »ganz besondere Elektrizität« verleiht.

Die beiden sollten noch Jahre zusammenarbeiten, und als Fay 1995 das Zeitliche segnete, trauern neben Wegman auch ihre Kinder, Enkel und Urenkel – eine Dynastie von Künstlern auf vier Pfoten.

35__Flush

Ein sehr literarischer Cockerspaniel

Laut seinem Frauchen besaß Flush viele menschliche Qualitäten und konnte sogar lesen – bei Hunden bisher eher die Ausnahme. Nun ja, natürlich nicht das gesamte Alphabet, aber A und B sehr wohl: Die Dichterin Elizabeth Barrett war überzeugt, dass ihr genialer Cockerspaniel mit etwas Geduld auch bis zum Z gekommen wäre.

Besonders überraschend ist es wohl nicht, dass ein im Haus einer Schriftstellerin (Mary Russell Mitford) geborener Hund, der bei einer anderen Schriftstellerin – Elizabeth Barrett – lebte und von keiner Geringeren als Virginia Woolf in der gleichnamigen Biografie verewigt wurde, derartige Ambitionen ausbildete.

Die Kindheit Flushs auf dem Land in Berkshire, wo er mit anmutigen Hundedamen über die Wiesen rannte und Kaninchen nachstellte, verlief frei und unbeschwert. All dies änderte sich im Sommer 1842, als der Welpe Elizabeth Barrett übereignet wurde, die eine lange Rekonvaleszenz in ihrem eleganten (und bedrückenden) Anwesen in der Wimpole Street in London zubrachte.

Die beiden mochten sich auf den ersten Blick, waren sie sich doch so ähnlich: »Schwere Locken hingen zu beiden Seiten an Miss Barretts Gesicht hinab, große helle Augen leuchten daraus hervor, ein großer Mund lächelte. Schwere Ohren hingen zu beiden Seiten von Flushs Gesicht hinab, auch seine Augen waren groß und hell, sein Mund war breit«, schrieb Woolf über diese erste Begegnung, der ein langes Zusammenleben folgte, das Elizabeth und Flush am Ende nach Italien verschlug, wo sie sich glücklich in den Dichter Robert Browning verliebte und der Hund glücklich die Freiheit der florentinischen Hunde bestaunte.

»Flush« war zu Lebzeiten Woolfs der einzige Bestseller der Autorin von »Mrs. Dalloway« und »Zum Leuchtturm« und verkaufte im Erscheinungsjahr 1933 fast 19.000 Exemplare. Woolf aber konnte sich über diese unerwartete Berühmtheit nicht freuen, zu sehr fürchtete sie, dass ihr Werk »als Zeitvertreib für Damen« abgetan werden könnte. Wie zur Bestätigung, dass auch die Großen manchmal irren.

36___Fortuné

Der Mops, der Napoleon biss

Fortuné »war weder schön noch gut oder sympathisch. Er hatte kleine Füße, einen lang gezogenen Körper, war eher rötlich als fuchsienrot und erinnerte mit seiner Wieselschnauze nur durch den schwarzen Fleck im Gesicht und den Korkenzieherschwanz an seine Rasse.«

Fortuné mag viele Defekte gehabt haben, aber er machte seinem Name alle Ehre, konnte er sich doch der Zuneigung einer schönen Dame gewiss sein, die in Martinique als Rose Tascher geboren wurde und als Joséphine Beauharnais in die Geschichtsbücher einging, die erste Ehefrau Napoleon Bonapartes. Dass man von Fortuné überhaupt noch spricht, ist hauptsächlich seinen Auseinandersetzungen mit Napoleon geschuldet, in denen der Hund das bessere Ende für sich hatte, glaubt man den Schilderungen des Napoleonfreundes, Schriftstellers und Politikers Antoine-Vincent Arnault, Verfasser der obigen, wenig einnehmenden Beschreibung Fortunés.

»Dieser Herr ist mein Rivale«, scheint Napoleon Arnault mit Blick auf Fortuné anvertraut zu haben. »Ihm gehörte das Bett von Madam, als ich sie geheiratet habe. Ich habe versucht, ihn daraus zu vertreiben, aber vergebens: Mir wurde gesagt, entweder woanders zu schlafen oder das Bett zu teilen. Ich fand das entsetzlich, hatte aber keine Wahl und musste in den sauren Apfel beißen. Der Liebling des Frauchens zeigte sich aber weniger gütig, den Beweis trage ich immer am Bein spazieren.« Wahr oder nicht, die Geschichte des Hündchens, das Napoleon in den Oberschenkel biss, machte die Runde in ganz Frankreich. Aber es gab zumindest einen handfesten Grund, warum der bissige Fortuné Joséphine so ans Herz gewachsen war: Als sie sich nämlich 1794 im Kerker befand und das Schicksal ihres ersten Ehemannes, General Beauharnais, zu teilen drohte, der auf Weisung des Revolutionskomitees guillotiniert worden war, konnte sie den Hund zum Überbringen von Botschaften an Freunde nutzen, die schließlich ihre Freilassung erwirkten. Dass Fortuné ein Stänkerer war, ist aber verbürgt: Er starb nämlich während des Feldzugs in Italien, zerrissen vom Hund des Kochs im Castello di Montebello, der sich anscheinend weniger gütig als Napoleon gezeigt hatte.

37_Gracie

Mehr als Worte, der Trost der Ruhe

Ihr Name ist Gracie. Aber außer ihr gibt es noch Kye, Jacob, Hannah und so viele andere, dass man unmöglich alle aufzählen kann. Am 13. Juni 2016 kamen zwölf von ihnen gemeinsam mit ihren menschlichen Begleitern aus verschiedenen Teilen der USA am Flughafen Orlando in Florida an.

Da Hunde für gewöhnlich kein Fernsehen schauen, nicht online sind und keine Zeitungen lesen, wussten sie wohl nicht, wohin sie flogen oder wer sie erwarten würde. Aber bestimmt hatten sie verstanden, dass man ihrer Wärme, ihrer besonderen Ruhe bedurfte, die nie Gleichgültigkeit bedeutet.

Und so war es auch. Nicht einmal zwei Tage zuvor, in der Nacht vom 11. auf den 12. Juni, betrat genau hier, in Orlando, ein Mann mit Gewehr ein Schwulenlokal, das Pulse, und begann um sich zu schießen.

Einige Stunden später zählte man die Opfer: 49 Tote, 53 Verletzte. Eine der schlimmsten Massentötungen in den USA, nimmt man den 11. September aus. Der Alptraum war aber noch nicht vorbei: Bevor Menschen oder Gemeinschaften über ein Ereignis hinwegkommen können, braucht es viel Zeit, und häufig reichen Worte nicht aus oder sind fehl am Platz. Vor diesem Hintergrund entstand 2008 aus der Wohltätigkeitsinitiative der US-amerikanischen lutherischen Kirche das Programm K-9 Comfort Dogs mit mehr als 100 Hunden, insbesondere Golden Retrievern, die in verschiedenen amerikanischen Städten ausgebildet wurden, denjenigen Trost zu spenden, die schwere Traumata erlebt haben.

So wie in Orlando, wo die zwölf Hunde Krankenhäuser und Kirchen besuchten, an Begräbnissen teilnahmen und die traumatisierten Angestellten des Pulse trafen.

»In einigen Fällen«, so Tim Hetzner, Präsident des Verbands Lutheran Church Charities, »haben die Menschen die Tiere gestreichelt und konnten endlich weinen.« Wenn sich ein solcher Schmerz löst, kann dies der erste Schritt zur Heilung sein. Und Gracie und die anderen sind dafür da.

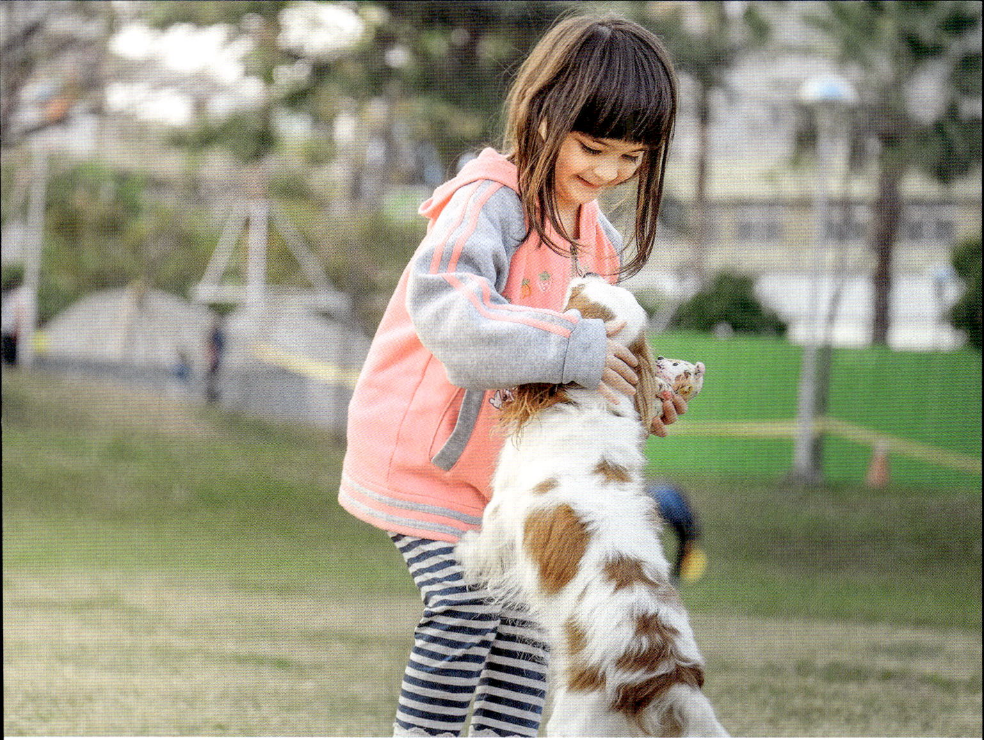

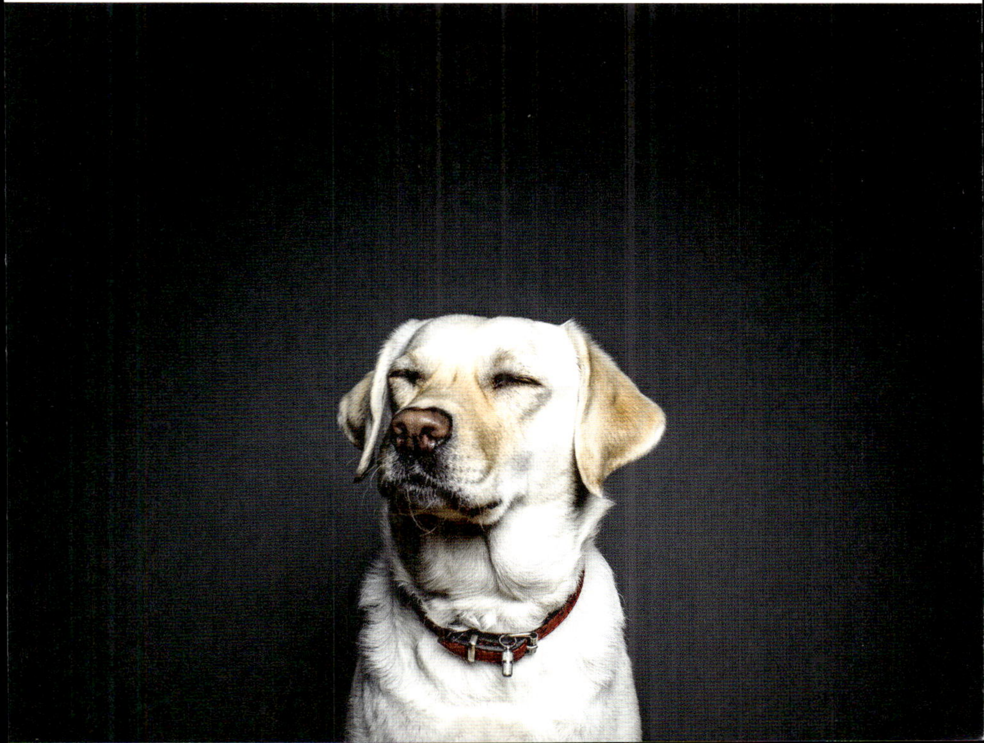

38__Grafton
Das Ebenbild der Hundewürde

Der für seinen Spürsinn gerühmte Bluthund gilt gemeinhin als scheu und manierlich, aber Grafton war offenbar eine Ausnahme und zeigte sehr bald, dass sein Charakter alles anderes als unterwürfig war: Sein Herrchen, der britische Chemiker Jacob Bell, soll ihn eines Tages zusammen mit einem anderen Hund, gegen den Grafton eine nicht zu kurierende Antipathie hegte, in einem Stall eingeschlossen haben. Am nächsten Morgen fand man die beiden, zerrupft und zerzaust, wie sie sich feindselig von den äußersten Ecken des Stalles aus anblickten.

Ausgerechnet Grafton aber war es beschieden, auf dem gefeierten, heute in der Tate Gallery von London gezeigten Gemälde »Dignity and Impudence« des englischen Malers Edwin Landseer symbolisch die Würde des Hundestands zu repräsentieren. Hier sieht man unseren kämpferischen Spürhund in einer majestätischen Pose neben Scratch, einem kleinen Westie, der stellvertretend für die vermeintliche Arglist der Hunde kleinerer Statur steht.

Bell selbst (dem auch Scratch gehörte) beauftragte Landseer mit dem Gemälde, der damals vor allem mit seinen Porträts von sich reden machte, so etwa von Königin Victoria, der er auch Zeichenunterricht gab. Aber besonders begabt war er im Porträtieren von Tieren – Löwen, Hirsche, Pferde und natürlich Hunde.

In »Dignity and Impudence«, seinem vielleicht berühmtesten Gemälde, machte sich Landseer einen Spaß daraus, die flämische Porträtkunst zu imitieren, in der der Porträtierte häufig in einem Fensterrahmen mit einem Arm auf das Fensterbrett gelehnt dargestellt ist. Genauso zeigen sich hier der große Grafton und der kleine Scratch vor dem Hintergrund einer Hundehütte, wobei die Pfoten des Ersteren über deren Schwelle hinausragt. Das Werk hatte einen solchen Erfolg, dass der Maler in der Folge weitere »merkwürdige Paarungen« malte, zum Beispiel einen Bernhardiner neben einem Malteser.

Aber eine Frage bleibt: Wie ist es Landseer bloß gelungen, den aufmüpfigen Grafton für sich posieren zu lassen?

39__Greyfriars Bobby

Der Star der »Friedhofshunde«

Im 19. Jahrhundert machten in Europa an die 60 Geschichten von »Friedhofshunden« die Runde – Tiere, die jahrelang auf den Gräbern ihrer Herrchen ausharrten und heroische Exemplare der hündischen Treue darstellten.

Für den Historiker Jan Bondeson ist die Wahrheit aber viel banaler: Diese Hunde waren Streuner, die auf den Friedhöfen jemanden gefunden hatten, der sie fütterte. Allein die Gräber ließen natürlich daran denken, dass sie dort ihren Herrchen die ewige Treue hielten.

In seinem Buch über den berühmtesten aller »Friedshofshunde«, Greyfriars Bobby, beschreibt Bondeson eingehend, wie die Legende entstand und sich verbreitete. Aber wahrscheinlich wollen die Touristen, die vor seiner Statue in der Old Town von Edinburgh stehen, die volkstümlichere hören, deren bekannteste Version so lautet:

Gegen Ende 1855 oder Anfang 1856 waren Bobby, ein Terrier, damals fast noch ein Welpe, und John Gray, ein Nachtwächter der schottischen Polizei, zu unzertrennlichen Freunden geworden. Am 13. Februar 1858 jedoch verstarb der arme Gray an Tuberkulose und wurde im Greyfriars Kirkyard begraben. Aber Bobby fand sich in den nächsten 14 Jahren nicht mit dem Verlust seines Freundes ab und wachte an dessen Grab, das er nur zum Fressen in einem nahen Lokal oder, in den kältesten Wintern, zum vorübergehenden Aufwärmen in den Häusern der Friedhofsanrainer verließ. Als Lokalberühmtheit starb der kleine Hund am 14. Januar 1872 und wurde unter der South Bridge, unweit des Friedhofs mit Grays Grab, bestattet. Ein Jahr später folgte auch sein Denkmal, das noch heute die Besucher von Edinburgh rührt.

Eine bewegende Geschichte, die Stück für Stück vom unerbittlichen Bondeson zerlegt wird, der sogar überzeugt ist, dass Bobby weit vor seinem offiziellen Todestag starb und von Hoteliers und Händlern der Gegend durch einen anderen Streunerhund ersetzt wurde, um diese kostbare Einnahmequelle nicht zu verlieren. Wem soll man nun glauben?

Adresse Candlemaker Row, Edinburgh EH1 2QQ, Großbritannien | **Öffnungszeiten** immer geöffnet | **Tipp** Jeden Tag zieht die Statue von Bobby viele Touristen auf den Greyfriars Kirkyard, den Friedhof neben der Greyfriars Kirk in der Old Town im schottischen Edinburgh. Die Hundestatue steht unweit des Eingangs.

40_Der Große Hund
Das ewige Rennen am Nachthimmel

In mythischer Vorzeit gab es einen Hund, Lailaps, der so schnell war, dass er jede Beute erhaschte. Manche munkelten sogar, er sei gar kein Hund aus Fleisch und Blut, sondern aus magischer Bronze, und der Gott des Feuers habe ihn erschaffen. Er gehörte zur Meute von Zeus, der ihn als Zeichen seiner Liebe der schönen Europa schenkte, zusammen mit einem Wurfspeer, der nie sein Ziel verfehlte.

Bald schon aber wechselten Hund und Waffe den Besitzer: Europa vermachte nämlich beides ihrem Sohn Minos, der auf Kreta regierte. Nur wenig später erkrankte der Herrscher schwer. Als alle schon sein Ende erwarteten, gelangte eine Frau, Prokris, die Ehefrau von Kephalos, nach Kreta, die ihn mit ihrer Medizin heilte. Als Zeichen seiner Dankbarkeit schenkte er ihr Lailaps und den Speer.

Arme Prokris! Das Geschenk sollte ihr zum Verhängnis werden, denn während einer Jagd versenkte ihr Gemahl einen Speer in ihr Herz, weil er sie für ein Reh hielt. Lailaps blieb bei Kephalos, der ihn mit sich nach Theben nahm, wo König Amphytrion vergeblich darum bemüht war, sich der perfiden Füchsin Teumessia zu entledigen, die das Land mit ihren Raubzügen plagte und von den Thebanern einmal im Monat ein Kind als Opfer forderte.

Von ihr sagte man, dass durch den Willen der Götter niemand in der Lage wäre, ihr nachzustellen. Sollte es Lailaps gelingen, den Zauber zu brechen? Er nahm die Fährte auf, und die beiden Tiere lieferten sich ein Rennen, das die menschlichen Augen kaum zu verfolgen imstande waren. Jedes Mal wenn der Hund seine Beute endgültig zu schnappen schien, entwich sie ihm wieder und sprang davon.

Zeus hatte schließlich ein Einsehen und unterband das ewig währende Rennen, indem er Hund und Fuchs in Stein verwandelte. Lailaps aber kann man immer noch sehen, wenn man den Blick in einer sternklaren Nacht gen Himmel richtet, nämlich in der Konstellation des Großen Hundes, dessen hellster Stern Sirius ist. Zwischen Juli und August geht er mit der Sonne auf und unter, und manche nennen ihn in Erinnerung an Lailaps auch den Hundestern, der uns in den schwülen Sommertagen, den Hundstagen natürlich, schwitzen lässt.

41_Guerrillo

Im Schatten des Helden zweier Welten

Großzügig, schnell und begeisterungsfähig: So beschreiben Schulbücher den italienischen Freiheitskämpfer Giuseppe Garibaldi, und so tritt er uns auch in einem eher unbekannten Kapitel seines Lebens entgegen, als die Jahre der großen Unternehmungen schon ein wenig zurückliegen, sein Engagement zum Schutz der Schwächsten aber immer noch ausgeprägt ist.

Im März 1871 schreibt ihm eine englische Dame, Anna Winter, die sich über die Grausamkeit beklagt, mit der die Italiener Pferde und Esel behandeln. Sie weiß, dass sie beim Helden zweier Welten mit ihrem Brief nicht auf taube Ohren stoßen wird, verbringt dieser doch seit 1856 viel Zeit auf der wilden Insel Caprera und ist überzeugt, dass Tiere und Pflanzen eine Seele besitzen, weshalb er sich fast ausschließlich vegetarisch ernährt.

Am ersten April schickt Garibaldi seinem persönlichen Leibarzt, Timoteo Riboli, eine Nachricht, dies in die Tat umzusetzen. Es sollte der erste Schritt zur Gründung der Turiner Tierschutzgesellschaft (Società Torinese Protettrice degli Animali), der zukünftigen nationalen Stelle für Tierschutz, werden.

Aber der Nationalheld hatte zu Hunden eine viel persönlichere Beziehung. In den Kampfeswirren in Uruguay 1846, als Garibaldi mit den Colorados gegen die Blancos kämpfte, zeigte sich im Laufe der Schlacht ein Hund an den feindlichen Linien, der, von Schüssen getroffen, davonhumpeln wollte. Garibaldi und seine Ordonnanz, Andrea Aguyar, eilten ihm zu Hilfe. Die gebrochene Pfote wurde amputiert, aber der General verließ seinen Guerrillo (so wurde er von ihm getauft) nicht und brachte ihn nach Italien.

In den folgenden Jahren wurde der dreibeinige Hund Guerrillo, der Garibaldi wie ein Schatten folgte, zur Legende. Sein Leben beendete er wohl in den Wehen der kurzlebigen Römischen Republik. Aber Garibaldi vergaß ihn nie und sagte noch Jahre später von ihm: »Tiere vor der Grausamkeit der Menschen zu schützen, ihnen zu Hilfe zu eilen, wenn sie von Müdigkeit und Krankheit darniederliegen, das ist die Tugend des Starken gegenüber dem Schwächeren.«

42___Guinefort

Ein Heiliger auf vier Pfoten

Im offiziellen Kalender findet er sich nicht, aber wie allen Heiligen – echten und vermeintlichen – ist ihm ein Festtag vorbehalten, und zwar der 22. August. Noch heute soll es Menschen in Frankreich geben, die diesen Tag erinnern und zelebrieren, ungeachtet der Tatsache, dass der betreffende Heilige kein Mensch, sondern ein Hund war. Guinefort war sein Name, und er war ein Windhund. Er lebte im 13. Jahrhundert, und seine Aufgabe bestand darin, über das Wohlergehen einer adligen Familie in einer Burg unweit von Lyon zu wachen.

Der Legende nach soll der Ritter eines Tages den Raum betreten haben, in dem sein Sohn, ein Kind von wenigen Monaten, zu schlafen pflegte. Es stellte sich heraus, dass der Kleine verschwunden war und die Schnauze von Guinefort blutverklebt. Der Ritter dachte, der Hund hätte das Kind getötet, und brachte ihn mit einem Schwerthieb um, nur um danach unterhalb der Wiege ein Weinen zu vernehmen: Der Sohn war versteckt und wohlauf, neben ihm eine tote, vom Hund zerfleischte Viper. Guinefort hatte das Kind nicht nur nicht getötet, sondern ihm auch das Leben gerettet.

Als Zeichen seiner Abbitte ließ der Ritter den Hund begraben und einen Baum auf seinem Grab pflanzen, das die Familien des Ortes von nun an aufsuchten, um dafür zu beten, dass der Hund auch ihre Kinder schützen möge. Man sprach sogar von Wundern und einem Inquisitor, dem Dominikaner Étienne de Bourbon, der eigens anreiste, um den in seinen Augen unerträglichen Aberglauben zu bekämpfen. Aber vergebens, denn Guineforts Ruhm hat die Jahrhunderte überdauert.

Wenn Ihnen die Geschichte übrigens bekannt vorkommt, dann irren Sie sich vielleicht nicht: Man kennt sie auf allen Kontinenten, von Indien (wo wir anstelle des Hundes eine Manguste finden) über Wales, wo der Name des Windhundes Gelert lautet, bis zu den USA und den Disney-Studios, die der Begebenheit eine zentrale Zwischenhandlung in »Susi und Strolch« widmeten. Mit dem Unterschied allerdings, dass Strolch nicht stirbt, sondern rehabilitiert wird und die schöne Susi heiratet. Letztlich kein so kleiner Unterschied!

43__Hachikō

Ein langes Warten am Bahnhof von Shibuya

Von Weitem muten die Geschichten von Hunden, die den Tod ihrer menschlichen Freunde nicht wahrhaben wollen und gegen jede Hoffnung weiter auf sie warten, ähnlich an. Es gibt Dutzende solcher Hunde und tatsächlich wahrscheinlich noch viel mehr, deren Geschichte niemand aufgeschrieben hat. Was die bekannten von den unbekannten Begebenheiten unterscheidet, ist die Reaktion der Gemeinschaft, die um die stumme und sture Zuneigung eines Hundes langlebige Geschichten spinnt. Solch ein Fall ist Chuchen Hachikō, der »treue Hund Hachikō«.

Er war erst zwei Monate alt, als ihn Anfang 1924 Hidesaburō Ueno, Dozent an der Königlichen Universität von Tokio, in sein Heim nach Shibuya brachte, einen Vorort der Hauptstadt, damals natürlich noch kein angesagtes Stadtviertel wie heute, aber im Gegensatz zum Bauernhof im Norden der Insel Honshū, wo der Hund, ein Akita, aufgewachsen war, schon eine Nummer größer.

Die Kleine Acht (so lautet sein Name übersetzt) gewöhnte sich schnell an den neuen Rhythmus: Morgens begleitete er den Professor zum Bahnhof, und am Nachmittag um 17 Uhr fand er sich dort wieder ein, um ihn abzuholen.

Aber dieses Zusammenleben währte leider nicht lang, denn nur ein Jahr später starb Ueno am 31. Mai 1925. Diese kurze Zeit genügte jedoch, um sich Hachikō für immer einzuprägen. In den folgenden neun Jahren lief er jeden Tag zum Bahnhof, um auf seinen menschlichen Freund zu warten, und mit der Zeit fanden sich dort immer mehr Menschen ein, die von seinem Schicksal wussten, ihm Essen und Streicheleinheiten schenkten und von seiner Sturheit gerührt waren.

Bereits als Lebender wurde der Hund so zur Legende, die nach seinem Tod von Zeitungsartikeln, Büchern und Filmen angefacht wurde (der neueste von 2009 ist eine Hollywoodproduktion mit Richard Gere). Heute verabreden sich viele Menschen an seiner Statue vor dem Bahnhof in Shibuya: eine paradoxe und liebevolle Art und Weise, dem zu gedenken, der hier lange Zeit vergeblich gewartet hat.

Tipp Ein Ausgang des U-Bahnhofs Shibuya in Tokio heißt heute Hachikō. Und natürlich steht die Statue neben dem Eingang, in der Nähe einer stark frequentierten Kreuzung. Am Bahnhof weisen Hundepfoten am Boden auf den Ausgang hin. Wenn Sie ihnen folgen, gelangen Sie zur Statue von Hachikō.

44_Hare

*Die ausgestorbenen Hunde der amerikanischen
Ureinwohner*

Der schottische Naturforscher John Richardson, der sie während
seiner Reisen in Kanada in der ersten Hälfte des 19. Jahrhunderts
sah, schrieb über sie, sie seien anhänglich, verspielt und leicht durch
Freundlichkeit zu beeindrucken, auch wenn sie freilich nicht besonders folgsam waren und das Eingesperrtsein hassten (aber wem gefällt es schon, eingesperrt zu sein?). Derselbe Forscher schrieb auch,
dass sie gerne gestreichelt würden, sich unter der menschlichen Hand
wie schnurrende Katzen gebärdeten und sehr aufgeschlossen gegenüber Fremden wären.

Diese Hunde hießen Hare, die »Hunde der amerikanischen In-
dianer«, wie man einst sagte. Liest man heute die Einträge von
Richardson und anderen, die ihre Bekanntschaft gemacht haben,
dann schmerzt es umso mehr, dass sie nicht mehr sind. Denn diese
Rasse ist seit mehr als einem Jahrhundert ausgestorben, beziehungsweise ihr Wesen hat sich im Laufe der Jahrzehnte durch Kreuzungen
mit anderen nordamerikanischen und europäischen Rassen immer
mehr verwässert, und von ihnen blieben nur die Beschreibungen,
wenige Fotos und ein paar Zeichnungen.

Wir wissen daher, wie sie aussahen – schmaler Kopf, lange Schnauze, gelbliche Augen, große Ohren – und vor allem, dass ihnen eine
wichtige Rolle im Leben der Ureinwohner zukam. Bis die Pferde
sich auf dem Kontinent ausbreiteten, verrichteten diese Vierbeiner,
möglicherweise eine Kreuzung aus Hunden und Koyoten, ein beein-
druckendes Arbeitspensum. So zogen die Hare etwa die *travois*, die
rudimentären Schlitten, auf denen fast alle halbnomadischen Stämme
Amerikas Nahrung, Holz, Decken und Haushaltsgeräte transportier-
ten. Dazu waren die Hare die Begleiter der Männer auf der Jagd nach
Bären, Hirschen oder Hasen und bewachten ihre Tipis in der sesshaften Zeit. Als Beleg für ihre überragende Bedeutung im Leben der Indi-
aner muss schließlich leider noch angefügt werden, dass beim Tod eines
Stammesmitglieds auch sein Hund getötet und mit ihm begraben wurde. War ihr Aussterben also vielleicht eine strategische Entscheidung?

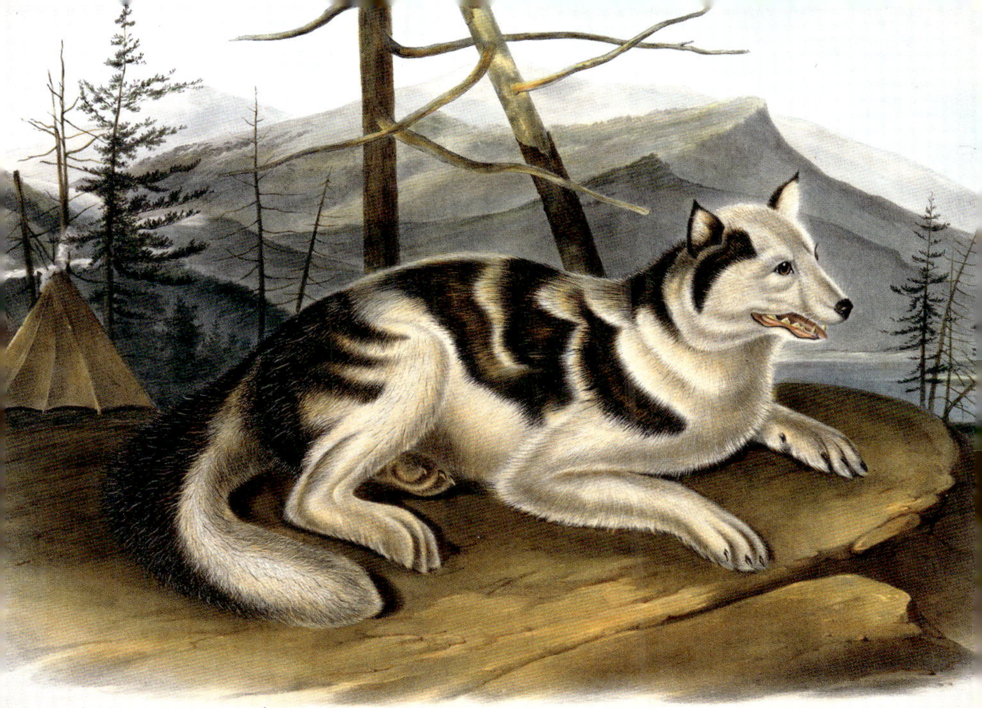
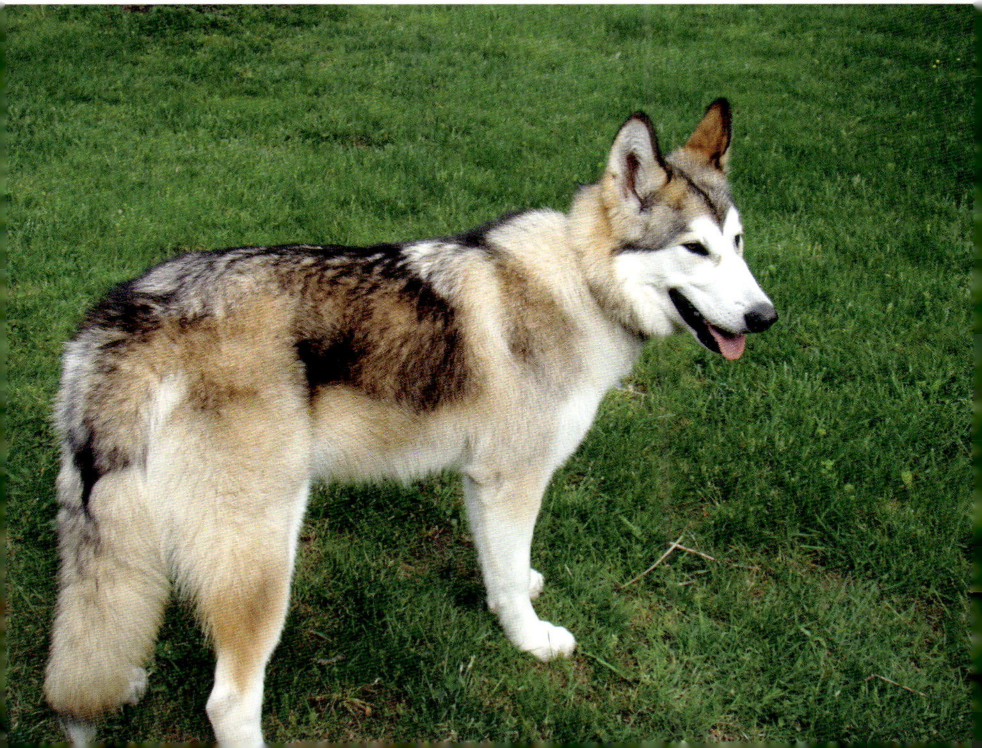

45 Der Hotdog

Der Dackel im Brot

Zu einer Zeit, als die automatischen Online-Übersetzer noch ziemlich unterentwickelt waren, konnte es geschehen, dass man nach Hotdog suchte und mit einem leckeren »Heißen Hund« beschenkt wurde. Aber wie hängt denn die populäre lange Schweinewurst im Brot wirklich mit unserem amerikanischen Fellvierbeiner zusammen?

Es ist nicht einfach, zum Ursprung dieser bizarren Wortverbindung zu gelangen. Ganze Tintenflüsse sind zu diesem Dilemma geschrieben worden. Angeblich soll bereits im deutschen Coburg des 17. Jahrhunderts ein Metzger gelebt haben, Johann Georghehner, der seine länglichen Würste »Dachshund« nannte, welche dann zwei Jahrhunderte später auf den Frachtschiffen der deutschen Einwanderer in die States gelangten.

Verbürgt ist nur, was hinsichtlich der amerikanischen und dann weltweiten Definition des Hotdogs *nicht* geschehen ist: So ist nicht wahr, dass der Cartoonist Tad Dorgan, der den Ausdruck in einer Zeichnung aus dem frühen 20. Jahrhundert benutzt haben soll, Urheber des Begriffs Hotdog ist. Der Legende nach soll Dorgan bei einem Baseballspiel einen Verkäufer von *red-hot dachshund sausages* gesehen haben und nach diesem Beispiel einen im Brot liegenden Dackel gemalt und mit der Unterschrift »*Get your hot dogs*« versehen haben, wohl eine unverhohlene Anspielung auf die Verwendung von Hundefleisch in Würsten. Die entsprechende Karikatur gab es jedoch gar nicht, und der Begriff Hotdog erscheint bereits im ausgehenden 19. Jahrhundert. Auch eine andere Geschichte ist falsch, obwohl sie ebenso plausibel klingt: Nach ihr soll das zylindrische Brötchen von einem Wurstverkäufer erfunden worden sein, der keine Handschuhe mehr an seine Kunden aufgrund möglicher Verbrühungen ausgeben wollte.

Das Geheimnis bleibt also und verdichtet sich sogar noch, wenn man daran denkt, welche Metamorphosen der Terminus zum Beispiel in der spanischen Welt durchgemacht hat: *perro caliente* in Spanien, Kolumbien und Venezuela, aber *pancho* in Argentinien, Chile und Uruguay.

Für die Freunde dieses Brötchens ändert das aber nichts an der Substanz. Und da haben sie vermutlich recht.

46 Idefix

Der kleine Begleiter von Obelix

Am Anfang war er eine winzige, in die Ecke einer Zeichnung gepresste Comicfigur, und er wäre wohl auch wieder ohne großes Aufhebens verschwunden, wenn die Zeichnungen auf den folgenden Seiten den Machern nicht etwas leer angemutet hätten: Warum also dem kleinen schwarz-weißen Hund nicht ein wenig mehr Platz einräumen und ihn hinter den zwei menschlichen Helden hertrippeln lassen durch die Straßen des antiken Lutezia?

So entstand, jedenfalls in den Erinnerungen von Albert Uderzo, zusammen mit René Goscinny, Vater von Asterix, jene Figur, die zum festen Bestandteil des beliebten französischen Comics werden sollte.

Man schrieb das Jahr 1963, und die beiden arbeiteten am Abenteuer »Le Tour de Gaule« (auf Deutsch »Tour de France«), aber er, der kleine Hund, hatte im Heft noch keinen Namen. So schrieben Goscinny & Uderzo einen Wettbewerb unter den Lesern der Zeitschrift »Pilote« aus, in der ihre Geschichten veröffentlicht wurden. Zahlreiche Antworten gingen ein, einige aberwitzig, andere interessant: Aus Vorschlägen wie Trépetix, Paindépix und Toutousanprix wählten die beiden Autoren Idéfix (der bei uns seinen Akzent einbüßt und etwa mit »fixe Idee« übersetzt werden könnte), da der Name kurz – also leicht zu erinnern – war und den Charakter der Figur, beharrlich seine Entscheidungen durchzusetzen und immer von einem saftigen Knochen zu träumen, getreulich wiedergab.

Seitdem ist der kleine Hund aus den Abenteuern von Asterix und Obelix nicht mehr wegzudenken, auch wenn sein Aussehen sich im Laufe der Zeit freilich etwas verändert hat: Seine Pfoten, die in den ersten Heften noch sehr kurz sind, wurden auf Bitte der Zeichentrickfilmer verlängert, weil diese seine Bewegungen nicht auf den Bildschirm zu bringen vermochten. Dagegen hat sich sein Wesen gar nicht gewandelt, er ist immer noch entschlossen und gleichzeitig zartfühlend, gesellig und mutig. Sein Hauptcharakterzug ist aber seit jeher die Liebe zur Natur, der er beim Anblick eines geschändeten Baums mit langem Heulen Ausdruck verleiht. Als »echten Öko« haben ihn Goscinny & Uderzo bezeichnet. Aber gibt es einen Hund, der keiner ist?

47 __ Islay

Eine sprechende Statue für den Hund der Königin Victoria

Wer die Welt ein wenig bereist hat, wird wissen, dass Hundestatuen in vielen Ländern gar nicht so selten sind. Rar gesät sind dagegen sprechende Statuen von Hunden. Sollten Sie mal in Sydney sein, besichtigen Sie das Denkmal für Islay, einen Skye Terrier, den ehemaligen Schoßhund der Königin Victoria.

Eigentlich ist die Statue, die sich nicht zufällig außerhalb des Queen Victoria Building befindet, nicht sehr ansehnlich: eine etwa 60 Zentimeter hohe Bronzeskulptur, deren Sockel ein Klingelkasten für Spenden an das Royal Institute for Deaf and Blind Children ist. Aber wenn Sie eine Münze durch den Schlitz werfen, machen Sie sich auf etwas gefasst, denn der Terrier beginnt zu sprechen: »Dank meiner vielen guten Taten für blinde Kinder habe ich die Gabe des Sprechens erhalten«, erschallt es aus dem Hundemaul, natürlich auf Englisch. Große wie kleine Kinder schmunzeln, denn die Stimme ist die eines bekannten Radiomoderators aus Sydney, John Laws, der die Botschaft 1998 aufnahm und dem auch die Danksagungen und das abschließende Gebell zuzuschreiben sind.

Leider beziffern die Reiseführer von Sydney nicht, welche Auswirkungen die »Gabe des Sprechens« auf die Spendenbereitschaft hat. Sicher ist nur, dass der Ruf Islays davon profitiert hat, der nicht ohne Emphase als Lieblingshund Victorias bezeichnet wird.

Ziehen wir die königlichen Biografen zurate, erscheint dies etwas übertrieben, hatte die Königin doch im Laufe ihrer langen Regierungszeit – der längsten in der Geschichte Großbritanniens, bis Elizabeth II. auf den Plan trat – viele Hunde, die sie allesamt sehr liebte. Aber unzweifelhaft ist auch, dass Islay eine besondere Rolle in ihrem Leben gespielt haben muss, entstand die Statue des australischen Bildhauers Justin Robson doch Ende des 19. Jahrhunderts auf Grundlage einer von der Königin selbst erstellten Zeichnung, die sie 1843 unter Anleitung ihres Zeichenlehrers Sir Edwin Landseer anfertigte.

Unglücklicherweise starb Islay früh, wohl schon im April 1844 mit nur fünf Jahren, im Kampf mit einer Katze, aus dem er als Verlierer hervorging. Darüber gibt die Statue freilich keine Auskunft.

48_Issa

Der kleine Malteser, den Martial besang

Sie muss der Liebreiz in Fleisch und Blut gewesen sein, die kleine Issa, warum sonst hätte der Dichter Martial sie in solche Verse gekleidet: »Issa ist neckischer als der Sperling Catulls, Issa ist reiner als der Kuß der Taube, Issa ist zärtlicher als alle jungen Mädchen, Issa ist kostbarer als indische Perlen …«

Issa war der geliebte Hund von Publius, damals Gouverneur von Malta, der sich ihrer Faszination nicht entziehen konnte, sie von der Insel im Mittelmeer nach Rom brachte, ein getreuliches Porträt von ihr anfertigen ließ, damit das Original nicht mehr von der Kopie zu unterscheiden war, und einen berühmten Dichter bat, sie in einem Gedicht zu besingen.

Dank Martials meisterhaftem Epigramm wissen wir 2.000 Jahre später von Issa und lassen sie beim Lesen der Verse wiederauferstehen, auch wenn ihr berühmtes Gemälde seit Jahrhunderten verloren ist.

Der Dichter verherrlichte daneben auch noch einen anderen Hund, Lidia, für ihre Jagdkünste und ihren heldenhaften und zu frühen Tod unter den Hauern eines kolossalen Wildschweins. Aber der Ton dieses Gedichts ist getragen, fast emphatisch, während man bei Issa heraushört, dass Martial ihr Wesen durchschaute und ihre zarte Stimme vernahm: »Jault sie, dann meint man, sie rede; sie empfindet Trauer und Freude mit. Sie schläft ein, ohne dass man dabei ihren Atem spürt.«

Diskret war die kleine Malteserin immer, auch nachts, wenn sie Publius ein leibliches Bedürfnis melden musste. Niemals hätte sie dabei die Decke beschmutzt, und wenn sie ihr Herrchen wecken musste, dann tat sie dies mit »sanfter Pfote«. Mit all diesen Anlagen, schreibt Martial, wird es schwer, ein »Männchen« zu finden, dass diesem Anstand, dieser Raffinesse gewachsen ist.

Ob die keusche Hündin schließlich doch ihre Liebe fand, ob sie Kinder hatte, deren Urenkel heute unter uns wandeln, ist nicht bekannt. Seit Martials Epigramm für Issa ist viel Zeit vergangen, und viele Menschen- und Hundegenerationen sind unbesungen von uns gegangen. Aber an der Zuneigung der Hunde zu ihren menschlichen Freunden und umgekehrt hat sich nichts geändert.

Tipp Das schöne Gedicht, das Martial der Hündin von Publius widmete, findet sich im Ersten Buch der »Epigramme« unter der Nummer 109.

49__Jean
Ein Star des Stummfilmkinos

Wer erinnert sich wohl noch an Jean, die erste Vierbeinerin auf der Leinwand? Aber in der Anfangszeit des Kinos, als nicht einmal die Großeltern von Lassie und Rin Tin Tin geboren waren, war sie, der Vitagraph Dog, der unbestrittene Hundestar. Eine Karriere wie aus dem Drehbuch, die sich dem Zufall verdankte – ein klassisches Beispiel dafür, wie wichtig es ist, zur richtigen Zeit am richtigen Ort zu sein.

Jeans Herrchen, Laurence Trimble, stammte aus Maine und wollte Schriftsteller werden, wofür er nach New York zog. Eines Tages im Jahr 1909 befand er sich für eine Reportage über die entstehende Filmindustrie in den Studios der Vitagraph in Brooklyn, als er hörte, dass ein Regisseur nach einem Hund suchte, der zusammen mit der damaligen Diva des Kinos, dem Vitagraph Girl Florence Turner, auftreten sollte. Wer anderes als Jean, sein Border Collie, sollte diese Rolle wohl am besten ausfüllen können?

Am nächsten Morgen gab die Hündin ihren Einstand am Set, und mit ihr wurde auch Trimble angestellt, der die Talente der angehenden Schauspielerin auf vier Pfoten am besten kannte und sie daher anleiten sollte. Zusammen sollten sie später insgesamt 15 Filme drehen, er als Regisseur, sie als Hauptdarstellerin, kurze Streifen, die häufig den Namen des Collies im Namen hatten, um die immer zahlreicheren Fans anzuziehen: »Jean Goes Foraging«, »Jean and the Calico Doll«, »Jean Goes Fishing« ... Fast alle sind verloren gegangen, aber in einem, »Playmates«, können wir sie heute noch auf YouTube in der Rolle der Spielgefährtin sehen, die später ein Mädchen rettet, das schwer erkrankt.

1916 starb Jean, und Trimble machte sich auf die Suche nach einem Nachfolger, den er nach dem Ende des Ersten Weltkriegs im Deutschen Schäferhund Strongheart fand. Wieder hatten beide Erfolg, aber der Regisseur beschloss schon bald, seine Filmkarriere für immer zu beenden und sich der Ausbildung von Blindenhunden zu widmen.

Jean hatte jedoch für immer einen Platz in seinem Herzen gefunden: »Von allen Hunden, die ich kennengelernt habe«, erklärte er Jahre später, »war sie die intelligenteste, die beste.«

50_Jofi
Der Assistent von Sigmund Freud

Mit 70 Jahren hatte Sigmund Freud nie Hunde besessen und auch kein Interesse für diese bezeugt. Dass er 1925 einen Deutschen Schäferhund namens Wolf aufnahm, geschah seiner Tochter Anna zuliebe, damit sie einen Partner bei ihren langen, einsamen Spaziergängen hatte. Aber die Ankunft von Wolf in der Berggasse 19 in Wien wurde für den Urvater der Psychoanalyse zum Beginn einer innigen Zuneigung, die bis zu seinem Lebensende dauern sollte.

Von den Familienfotos sind Wolf und die späteren geliebten Chow-Chows Lün-Yu, Jofi und Topsy kaum mehr wegzudenken, die in den Jahren aufeinanderfolgten und in Briefen an Freunde und sogar in Erinnerungen von Patienten genannt werden.

Besonders Jofi wurde zur ständigen Zuhörerin bei den Analysesitzungen, war Freud doch überzeugt, dass »diese faszinierende, in ihren weiblichen Eigenschaften so interessante, ungezähmte, impulsive und intelligente Kreatur« ihm wichtige Zeichen zum Verständnis der Gefühlslage seiner Patienten geben könne, die sich auf seiner Praxiscouch niederließen: Nahm sie Angstzustände wahr, suchte sie das Weite, depressiven Patienten näherte sie sich, und ihr Gähnen im Verbund mit plötzlicher Unruhe bedeutete unfehlbar, dass die Sitzung beendet war.

Einige Patienten hatten für so viel Tiervertrauen nicht viel übrig. So erinnerte sich die Dichterin Hilda Doolittle etwa: »Ich hatte das Gefühl, dass der Professor mehr an Jofi als an meinen Worten interessiert war.« Vielleicht stimmte das sogar.

Anna Freud, auch sie Psychoanalytikerin, schrieb die späte Liebe des Vaters für Hunde seiner Desillusionierung über die Menschen zu. Wahrscheinlich übertrieb sie ein wenig, aber sicher fand Freud, der von seiner tödlichen Krankheit bereits gezeichnet war und dessen Vertrauen in die Menschheit durch die Gräuel der Nazis und den bevorstehenden Krieg erschüttert war, Trost in dem, was er in einem Brief an Marie Bonaparte als »eine unzweideutige Liebe, die Schlichtheit eines von den fast unerträglichen Konflikten der Zivilisation freien Lebens, die Schönheit einer in sich vollständigen Existenz« bezeichnete.

51 Just Nuisance

Eine Dogge in der Royal Navy

Nur Ärger. Auf Englisch: Just Nuisance. Kein Name, mit dem es sich leicht lebt, wenn alle sich über einen lustig machen und man noch dazu in der Royal Navy, der britischen Kriegsmarine, Dienst tut. Es sei denn, man ist eine riesige Dogge, der das Gerede der Menschen nichts anhaben kann, sofern sie einem Zuneigung bezeugen und die Schüssel mit der täglichen Ration nicht vergessen.

Als erstes und einziges vierbeiniges Mitglied der Royal Navy wurde Just Nuisance wahrscheinlich am 1. April 1937 in Rondebosch in der Nähe von Kapstadt geboren und starb 1944 unweit davon, wiederum am 1. April, in Simon's Town, wo sich bis heute der Sitz der South African Navy befindet, Erbin der Marine Ihrer Majestät.

In den sieben Jahren zwischen diesen Daten reiste Nuisance sehr viel, jedoch, Ironie des Schicksals, immer mit dem Zug und nie auf dem Seeweg, auch wenn die Zahl der Schiffe, die er bestieg, in die Hunderte ging. Denn den Matrosen, die im Hafen zwischen zwei Einsätzen anlegten, gefiel dieser unternehmungslustige Hund, sie gaben ihm zu essen und luden ihn an Bord, was er nur zu gerne akzeptierte, sogar hin und wieder über Nacht blieb und seinen Ruheplatz am liebsten auf dem Landungssteg hatte, der das Schiff mit dem Kai verbindet. Mit seiner selbst für eine Deutsche Dogge beeindruckenden Größe war er so ein Hindernis für ein und aus gehende Matrosen und Güter, was ihm seinen Namen Just Nuisance einbrachte.

Oft begleitete die Dogge aber auch ihre Freunde im Zug, wenn diese auf Heimaturlaub nach Hause fuhren, was allen großen Spaß machte, nur verständlicherweise dem Eisenbahnpersonal nicht, das damit drohte, den fahrscheinlosen Großgast einzuschläfern. Die Matrosen waren bestürzt und überzeugten die Militärbehörde, den Hund in die Armee einzuberufen, sodass er kostenlos fahren durfte.

Sein Betragen als Mitglied der Marine war freilich nicht immer ganz tadellos, und einmal wurde er gar bestraft (keine Knochen für eine Woche), weil er an einem unpassenden Ort nächtigte (unter der Koje eines Offiziers). Aber seine wertvolle Rolle in der Aufrechterhaltung der Truppenmoral wurde allgemein anerkannt.

52 K-9

Ein Hunde-Roboter auf Zeitreise

Ursprünglich sollte er nur in ein paar Folgen mitwirken, und spielen sollte ihn ein kleinwüchsiger Schauspieler im roboterähnlichen Gewand eines Dobermanns. Schon ab der ersten Folge der britischen Science-Fiction-Serie »Doctor Who« wurde daraus aber ein ferngesteuerter Roboterhund namens K-9 (was sich im Englischen wie »canine«, also »hundeartig«, anhört), der einen wundersamen Nasen-Laser besaß und über viele Staffeln und Jahre eine feste Figur der Serie war und ein beim Publikum sehr beliebter Star.

Das Fernsehdebüt von K-9 erfolgte 1977, als die Serie bereits 15 Jahre alt war, und war nicht ganz problemlos zu handhaben, denn obwohl der Roboterhund in der Sendung ein Zeitreisender ist und zukünftige Welten bereist, musste er sich doch den strengen Budgetvorgaben der BBC des 20. Jahrhunderts beugen.

Dazu bewirkte seine Fernsteuerung immer wieder lästige Interferenzen mit den Fernsehkameras, und ohne ebenerdigen Grund kam K-9 oft ins Schleudern, sodass man manchmal zu kleinen Tricks wie Brettern oder einem langen Draht greifen musste, um ihn in Position zu halten. Wahrscheinlich war dies das erste und einzige Mal, dass ein Roboter, wenn auch ein hundeähnlicher, an der Leine gehalten wurde.

Das begeisterte Publikum der Serie, die in Großbritannien immer noch eine Kultsendung ist, hat sich darum anscheinend nicht geschert, die Entwicklung von K-9 über die Jahre verfolgt und sich an den charakteristischen Wesenszügen des mechanischen Hundes erfreut, an den weitschweifigen Erläuterungen, mit denen der in seinem Gehirn sitzende Computer sein enzyklopädisches Wissen zur Schau stellt und natürlich seine grenzenlose Treue zu Doctor Who – eine Treue, die offenbar jedem Hund innewohnt, egal, aus welchem Material er besteht.

K-9 stammt aus dem Jahr 5000, und eigentlich hatte sich Professor Marius dieses Tier ausgedacht, da er seinen eigenen Hund nicht mit auf die Raumstation nehmen durfte. Im Laufe der Serie wechselt K-9 mehrfach den Besitzer. Kult sind die Dialoge zwischen ihm und anderen Figuren, denn K-9 kann nur logisch denken und besitzt weder Gefühle noch Vorstellungskraft. Urkomisch!

53 Kirk Nurock

Der Mensch, der die Hunde singen ließ

Am Freitag, den 15. Mai 1981 wurde im Natural Sound Center in New York ein Konzert abgehalten, das für immer in die Annalen der Hundekultur eingehen sollte, denn zu den Stücken, die an diesem Abend vorgetragen wurden, gehörte auch die Suite »Howl«, die zum weltweit ersten Mal von einem Chor aus 20 menschlichen und fünf Hundesängern gesungen wurde. Dank der Besprechung von Edward Rothstein in der New York Times kennen wir die Namen der außergewöhnlichen Solisten heute noch – Bonnie, Wilhelmena, Bogus, Gideon und Isadora Duncan – und wissen, dass sie am Ende des Stücks dem Publikum einen begeisterten Applaus entrissen.

Der damals 33 Jahre alte Schöpfer dieser Musik, Kirk Nurock, hatte seinen Abschluss an der berühmten Juilliard School gemacht und mit Großmeistern wie Leonard Bernstein oder Dizzy Gillespie zusammengearbeitet, seit einigen Jahren aber begonnen, ein ganz neues Territorium zu erschließen: die lautliche Kommunikation zwischen verschiedenen Tierarten.

Bei der Vorbereitung auf das Konzert hatte Nurock viele Hunde Probe singen lassen und nur die ausgewählt, die die größte Begabung aufwiesen, mit menschlichen Stimmen zu interagieren. Unter menschlichen Stimmen verstand der Komponist in seiner Partitur freilich Laute wie Bellen und Heulen. Diese, schreibt der unerbittliche Theaterrezensent Rothstein, klangen manchmal belustigend, aber zweifellos weniger natürlich als die ihrer haarigen Pendants.

Nach jener Performance, die man epochal nennen kann (Sänger, die auf den Hund gekommen waren, hatte es viele gegeben, singende Hunde bis dato keine), führte Nurock seine Experimente weiter und schrieb 1983 gar eine »Sonata for Piano and Dog«, die in der Carnegie Hall uraufgeführt und zum Vergnügen der Fernsehzuschauer teilweise in der David Letterman Show wiederaufgeführt wurde. Den Clip kann man heute noch auf YouTube sehen, aber die Kritiken auf der Plattform gehen vor allem mit Nurock hart ins Gericht: »Ich hätte auch gejault, hätte ich diese Musik gehört« ist nur einer von vielen wenig schmeichelhaften Kommentaren.

54 Knecht Ruprecht

Das Alter Ego von Homer Simpson

Obwohl es Knecht Ruprecht Anfang der 2000er Jahre auf die Liste der bekanntesten Tiere im Fernsehen geschafft hat, weiß man eigentlich nicht, womit er sich diesen Spitzenplatz verdient hat: Außer zu seltenen Gelegenheiten fällt der Hund der Simpsons bei seinen zahlreichen Auftritten meist nur durch Herumlaufen im Haus, Fressen, Anknabbern aller nur möglichen Gegenstände und Schlafen auf. Eine eher ruhige Existenz also für die Standards dieser Familie. Das ist kein Zufall: Der Macher der Fernsehserie, Matt Groening, hat öffentlich erklärt, dass sich Tiere in Cartoons seiner Ansicht nach wie im echten Leben verhalten sollten.

Dazu passt, dass Drehbuchschreiber John Swartzwelder, Autor zahlreicher Folgen, in denen Knecht Ruprecht vorkommt, seinen eigenen Vierbeiner als Vorbild für die Figur genommen hat. Für Swartzwelder gibt es jedoch einen »Menschen«, dem der Hund ähnelt, und zwar das Familienoberhaupt Homer: »Beide sind treu. Beide verfügen über dieselbe Gefühlspalette. Und beide brummeln und beißen manchmal, wenn jemand versucht, ihnen ihr Essen zu mopsen.«

Aber wer ist hier die Kopie von wem? Wie auch immer, Knecht Ruprecht ist seit Ausstrahlung der ersten Folge am 17. Dezember 1989, die auf Deutsch »Es weihnachtet schwer« heißt (im Englischen »Simpsons Roasting on an Open Fire«), fester Bestandteil der »Simpsons«. Der kleine Windhund – den sein vorheriger Besitzer ausgesetzt hat, weil er in einem Rennen Letzter geworden ist, und auf den Homer alles bis auf seinen letzten Cent gesetzt hatte – wurde damals von Bart adoptiert und so zum schönsten Weihnachtsgeschenk für die ganze Familie.

Knecht Ruprecht besuchte später eine Hundeschule, wurde zwischenzeitlich von Mr. Burns angestellt, der aus ihm einen blutigen Killer machte, und war Maskottchen für Duff Beer. Aber im Grunde ist er der haarige, sympathische und träge Hund geblieben, als den wir ihn kennengelernt haben. Ähnlich wie sein Herrchen Homer.

55__Laika

Eine haarige Pionierin im All

Ziemlich klein war sie, wog höchstens fünf oder sechs Kilo und hatte sich in ihrem Vagabundenleben auf den Straßen Moskaus den klirrend kalten Temperaturen, aber auch dem russischen Sommer angepasst, der sehr heiß sein kann. Dabei hatte sie immer ein ausgeglichener und gelehriger Charakter ausgezeichnet. Hätte sie gewusst, was auf sie zukommen sollte, hätte sie vielleicht aufbegehrt: eine Reise ohne Wiederkehr, deren einzige Belohnung ihre posthume Berühmtheit sein sollte. Aber scheren sich Hunde überhaupt darum, berühmt zu sein?

Fakt ist, dass Laika (oder Kudryavka, Zhuchka oder Limonchik, wie die Techniker sie während der knapp zwei Wochen Ausbildung nannten) am 31. Oktober 1957 die Sputnik 2 besteigen durfte, obwohl noch drei Tage bis zum Start fehlten, aber die Verantwortlichen des Projekts wollten, dass sie sich schon einmal an die Umgebung gewöhnte. Im Kosmodrom von Baikonur, wo der Abschuss stattfinden sollte, war es bitterkalt, und das Raumschiff wurde mit warmem Wasser etwas gewärmt.

Im Morgengrauen des 3. November wurde Laika von den für sie zuständigen Assistenten ordentlich gekämmt, mit einer Wasser-Alkohol-Mischung eingerieben und an den Stellen mit einer Jodlösung eingepinselt, an denen die Sensoren zur Überwachung der Herzfrequenz und anderer Körperfunktionen befestigt werden sollten. Viele Jahre später sagte einer von ihnen, dass sie den Hund vor dem Schließen der Klappe auf die Schnauze küssten und ihm eine gute Reise wünschten.

Der Countdown endete, und die Rakete startete. Die letzten Stunden der noch nicht legendär gewordenen Laika, dem ersten Hund im Orbit um die Erde, waren sehr hart: Die offizielle Version gibt an, dass die Hündin am fünften oder sechsten Tag, ohne zu leiden, verschied, aber man weiß seit Jahren, dass sie an Überhitzung und Panik sehr viel früher starb.

Ihr Körper wurde nie geborgen: Fünf Monate nach dem Raketenstart verglühte die Sputnik 2 am 14. April 1958 beim Wiedereintritt in die Erdatmosphäre.

56 Lassie

Ein sehr bekanntes »Hundemädchen«

Wenige wissen, dass Lassie, die wohl berühmteste Vierbeinerin des 20. Jahrhunderts, aus der Feder von Elizabeth Gaskell, einer Schriftstellerin des 19. Jahrhunderts, stammt, die man heute vor allem mit »Cranford«, einem auf dem englischen Land angesiedelten Roman, sowie einer Biografie von Charlotte Brontë verbindet. Allerdings schrieb Gaskell gewissermaßen als Zeitvertreib zwischen dem einen und dem anderen Buch 1859 die Erzählung »The Half Brothers«, in der Lassie, ein »intelligenter Collie mit furchtsamen Augen«, eine zentrale Rolle bei der Rettung zweier im Schnee verschollener Brüder spielt.

Vielleicht ist es aber auch das Schicksal der Lassies (Schottisch für »Mädchen«), Menschen in Gefahr zu Hilfe zu eilen. Und das nicht nur im Buch, sondern auch im wirklichen Leben, denn 1915 rettete ein Collie mit diesem Namen einem britischen Matrosen das Leben, dessen Schiff von einem deutschen U-Boot versenkt worden war.

Hollywood jedenfalls entdeckte sie erst später, als der Engländer Eric Knight einen Roman mit dem Titel »Lassie Come Home« publizierte, dessen furchtlose Heldin Meere und Gebirge überwindet, um ihren geliebten Menschenfreund Joe wiederzufinden. Der drei Jahre später daraus entstandene Film hatte dank des Casts, bestehend aus Roddy McDowall, einer ganz jungen Elizabeth Taylor und vor allem natürlich dem Hundeschauspieler Pal, der damals etwa drei Jahre alt war, einen durchschlagenden Erfolg.

Wie bei vielen anderen Filmsternchen, ob mit zwei oder vier Beinen, war auch das Filmdebüt von Pal nicht strahlend verlaufen: Aufgrund seiner großen Augen und der weißen Tolle auf der Stirn galt er als hässlich und wechselte häufig den Besitzer, auch weil er in ungebührlicher Weise bellte und sämtlichen Motorrädern nachsetzte, die seinen Weg kreuzten. Schließlich jedoch geriet er an den Ausbilder Rudd Weatherwax, der Vertrauen in ihn setzte. Als er aber zu den Proben für »Lassie Come Home« erschien, wurde er als Hauptfigur abgelehnt und stattdessen als Double angeheuert. Erst als die Dreharbeiten schon angelaufen waren, konnte Pal sein ganzes Talent zeigen und die Hündin vom Thron stoßen, die ihm vorgezogen worden war.

LASSIE

THE PAINTED HILLS

PG

A CLASSIC THRILL-PACKED ADVENTURE

A CARTOO...

ORIGINAL MOVIE

57 Lhasa Apso

Ein Wachhund im Miniformat

Leider ist der Held dieser Geschichte namenlos geblieben, sodass wir ihn nur mit seiner Rasse bezeichnen können: Lhasa Apso, sehr kleine Hunde mit Ursprung in Tibet – dessen Hauptstadt Lhasa ist – und langem Fell, mit dem sie, außer in der Größe, den tibetanischen Schafen ähnlich sehen (tatsächlich ist *apso* in der Sprache Tibets die Zusammenziehung von *rapso*, »wie ein Schaf«). Heute sind diese Hunde Haustiere, aber jahrhundertelang waren sie zusammen mit großen Mastiffs dank ihrem feinen Gehör und der durchdringenden Stimme ausgezeichnete Wachhunde der Klöster und anderer bedeutender Wohnsitze. So besagt ein altes tibetanisches Sprichwort, dass »mit einem Lhasa im Haus und einem Mastiff im Garten das Eigentum sicher ist«.

Die Ereignisse dieser Geschichte sind im 17. Jahrhundert zu Zeiten des fünften Dalai Lama, Ngag-dbang-rgya-mtsho, angesiedelt, bekannt für seine Allianz mit den Mongolen, die seinem religiösen Orden die politische Herrschaft über Tibet einerseits und über viele Feinde andererseits zusicherten.

Eines Nachts waren gedungene Mörder in den Palastflügel eingedrungen, in dem Ngag-dbang-rgya-mtsho schlief, um ihn zu töten. Nachdem sie die im Außenbereich patrouillierenden Soldaten überwältigt hatten, machten sie sich leise bereit, auch die Wachen im Palastinneren auszuschalten.

Bevor sie ihren Plan in die Tat umsetzen konnten, wurden der Dalai Lama und alle seine Männer von durchdringendem Bellen geweckt: Einer seiner kleinen haarigen Wachhunde hatte Alarm geschlagen!

In Erinnerung an diese ferne Begebenheit (oder vielleicht auch andere, ähnliche Ereignisse) werden die Lhasa Apso in Tibet auch *apso seng kye* genannt, »Wachhunde mit Löwenstimme«. Aber sie sind mehr als das, denn früher dachte man, dass sie die Seelen der verstorbenen Lamas in Erwartung ihrer baldigen Wiedergeburt bewahren würden, sodass sie nicht den Besitzer wechseln durften. Aber heute sehen die Dinge natürlich ganz anders aus.

58__Loukanikos
Ein vierbeiniger Protestler

Kanellos (zu Deutsch: Zimt) war der Erste. Am Anfang hatte niemand auf ihn geachtet, aber als die Fotografen und Kameramänner merkten, dass auf den Fotos und in den Videos der von Studenten 2008 besetzten Universität von Athen immer wieder dieser Hund, ein schöner blonder Mischling, auftauchte, war allen klar, dass sie ein Exemplar eines vierbeinigen Protestlers vor sich hatten, der entschlossen war, gemeinsam mit den Menschen gegen die Zwangs-Sparmaßnahmen, die der Internationale Währungsfonds und die Europäische Zentralbank über Griechenland verhängt hatten, zu kämpfen. Seitdem war Kanellos eine der Hauptfiguren der griechischen Demonstrationen. Und in seinem Kielwasser folgten andere: Thodoris, erkennbar an seinem eleganten hellblauen Halsband, und vor allem Loukanikos (Wurst), der bald zum Symbol des Protestes und so bekannt wurde, dass ihn die »Time« 2011 in die Liste der 100 einflussreichsten Menschen aufnahm.

Die ruhmreichste Stunde im Leben von Loukanikos, den man liebevoll Louk nennt, schlug im September jenes Jahres während eines Protestmarschs von streikenden Polizisten im Athener Zentrum. Als der Hund sich nun zwei Reihen von Menschen in Uniform gegenübersah, erschien er zunächst verwirrt, als aber die Polizisten gegen ihre streikenden Kollegen vorgingen, zögerte Louk Augenzeugenberichten zufolge keine Sekunde und verteidigte die Streikenden, wie ein Foto bezeugt, auf dem er sich bellend allein gegen Dutzende Polizisten mit Helm, Schild und Gasmaske stellt.

Vielleicht musste er im Laufe der Kämpfe zu viel Tränengas einatmen, jedenfalls ging es mit seiner Gesundheit rapide abwärts, und 2012 konnte der bekannteste Hund Griechenlands nicht mehr auf die Straße gehen.

Zwei Jahre später, am 9. Oktober 2014, ist Loukanikos ruhig eingeschlafen. Von ihm bleiben viele Fotos, das Lied »Riot Dog«, das ihm der amerikanische Sänger und Songwriter David Rovics gewidmet hat, und vor allem die Erinnerung an seinen Mut und seine Großherzigkeit.

59 Loulou

Der Freund von Giuseppe Verdi

»Es ist wirklich eine Schande, dass du mich nicht besuchen gekommen bist. Ich hätte dich mit offenen Pfoten und aufgerissenen Fängen empfangen«, so spricht – oder besser schreibt – Black, der Mastiff von Giuseppe Verdi, an Ron-Ron, einen »Hundebruder«. Im Jahr des Briefes, 1865, ist Verdi bereits ein gefeierter Musiker, seine Werke werden in der ganzen Welt aufgeführt. Diesen Erfolg verdankt er, so Verdi selbst, auch einem außergewöhnlichen Mitarbeiter, nämlich Black.

Seinem Hund ist Verdi so verbunden, dass er sich in seine Haut beziehungsweise sein Fell hineinversetzt, wenn er an den Freund Opprandino Arrivabene schreibt, das Herrchen von Ron-Ron: »Mein Sekretär-Faktotum, der mit den Häkchen [damit bezeichnet Verdi scherzhaft die Noten], verwöhnt mich wirklich, die Amaretti fliegen mir nur so ins Maul, mir sind die größten Knochen vorbehalten, die Suppe wartet auf mich nach dem Schläfchen, das ganze Haus steht mir offen, und jetzt, wo die Hitze drückend wird, tausche ich meine Wohnung und mein Bett jederzeit, und man halte mich bloß nicht dabei auf.« Hunde sind im Leben des Komponisten so wichtig, dass sein Herausgeber Ricordi eine Postkarte drucken lässt, auf der Verdi zusammen mit drei Vierbeinerfreunden abgebildet ist: Black, Yvette und Moschino.

Aber am meisten liebt er Loulou, den kleinen Malteser der Opernsängerin Giuseppina Strepponi, der Freundin des Musikers, die in einem Brief schreibt: »Mein weißer Loulou ist der schönste Hund der Welt, und ich wage zu sagen auch der glücklichste. Er kommandiert alle herum, und alle gehorchen ihm. Verdi hat die Ruhe weg, mit seinem Hund unter dem Mantel spazieren zu gehen, dass nur noch die Nasenspitze zum Atmen hinausschaut.«

Verdi ist ganz vernarrt in Loulou, sodass er 1858 den Maler Filippo Palizzi mit einem Porträt beauftragt, das man immer noch in der Villa Sant'Agata bewundern kann, wo der Musiker mehrere Monate im Jahr verbrachte. Hier schaut Loulou, weiß und lockig, mit einem hellblauen Bändchen im Fell, mit der Würde eines Prinzen in die Welt.

60_Lump

Modell stehen für Picasso

Als Pablo Picasso am 8. April 1973 starb, machte die Nachricht natürlich weltweit große Schlagzeilen. Niemand wies jedoch darauf hin, dass zehn Tage zuvor, am 29. März, bereits ein alter Freund Picassos verschieden war, der einige Jahre bei ihm gelebt hatte und Gegenstand einiger seiner Werke ist.

Als er Picasso 1957 kennenlernte, war Lump – das ist sein Name – noch ein Welpe. Zusammengeführt wurden die beiden durch den Fotografen David Douglas Duncan, der den Dackel kurz zuvor in Stuttgart erworben hatte, weil er einen Spielgefährten für seinen afghanischen Windhund Kubla suchte. Die beiden wurden aber nie grün miteinander, sodass Duncan, um Streit zu vermeiden, gezwungen war, Lump bei seinen Ausgängen immer mitzunehmen.

So war es auch am 19. April 1957: Als Gast zum Mittagessen in der Californie, der Villa Picassos auf den Hügeln von Cannes, eingeladen, brachte der Fotograf seinen Dackel mit. Es war Liebe auf den ersten Blick. Picasso kritzelte umgehend ein Porträt des Hundes auf seinen Teller (in der Folge sollten noch viele weitere Bilder in der Studienreihe »Las Meninas« entstehen). Lump jedenfalls brachte seinen Wunsch, in Californie zu bleiben, klar zum Ausdruck und blieb sechs Jahre beim Künstler, seiner Lebensgefährtin (und späteren Ehefrau) Jacqueline Roque, dem Boxer Yan und der Ziege Esmeralda. Jahre, in denen er – das jedenfalls bezeugen Duncan selbst und einige Fotos – unangefochten herrschte: Picasso nahm ihn in den Arm, fütterte ihn persönlich und baute ihm eines Tages sogar ein Spielzeug, ein Kaninchen aus dem Karton einer Süßigkeitendose. Der Hund freute sich so sehr über das Geschenk, dass er es glatt verspeiste!

Zwischen 1963 und 1964 erkrankte der Dackel allerdings schwer. Der Tierarzt in Cannes hielt ihn für todgeweiht, aber Duncan, der dem Tier verbunden geblieben war, brachte ihn in eine Tierklinik in Deutschland, wo Lump einer langen Therapie unterzogen wurde und schließlich gesundete. Zu Picasso kehrte er nicht zurück, aber beide mochten sich weiterhin sehr gerne. Und gingen gemeinsam von uns.

61 Lupa

Die Adoptivmutter von Romulus und Remus

Ihr Bau lag auf halber Höhe eines Hügels, der über einer weiten Ebene thronte. In geringer Entfernung konnte man die Biegung eines Flusses ausmachen. Zwischen den Ufern lag eine kleine Insel, die den Strom verlangsamte. Manchmal sah sie Gruppen von Menschen, die diese natürliche Furt nutzten, um das Gewässer zu überqueren, aber sie hielt sich versteckt. Sie traute diesen felllosen Wesen nicht, die unvermutet zur Aggressivität neigten.

Sie stieg nur ins Tal herab, um zu trinken, wenn sie sicher war, dass sie niemand sah und sie ihren Nachwuchs ohne Angst im Bau lassen konnte. So tat sie es auch an diesem Morgen, aber in der Nähe des Flusses gewahrte sie einen unerwarteten Geruch. Sie schaute sich um und stellte die Ohren auf, um jedes Geräusch zu hören. Keine menschlichen Stimmen vernahm sie, sondern ein Wehklagen, das aus dem hohen Gras erklang. Sie näherte sich vorsichtig.

In einem schlichten Korb lagen zwei winzige Wesen, die sich vollständig glichen und langsam bewegten, wie erschöpft vom langen Warten. Manchmal ließen sie das Geräusch ertönen, das sie vernommen hatte, ein Weinen, das sie sofort als das ihrer Kleinen wiedererkannte, wenn sie Hunger hatten.

Sie hätte die kleinen Menschen im Nu auffressen können, verspürte aber nicht den Wunsch, erinnerten die beiden sie doch an ihre Welpen, die nicht fern von hier in der Höhle auf sie warteten. Wenn sie sie hierließe, wären sie ebenfalls dem sicheren Tode geweiht, denn sie waren zu klein, um sich Nahrung zu beschaffen, und ein Raubtier hätte sie früher oder später gefunden. Als sie so neben ihnen stand, sah sie, wie die beiden sich nach ihren Zitzen reckten. Sie ließ zu, dass sie ihre Münder darumlegten, und spürte, wie sie gierig ihre Milch tranken. Besorgt war sie nicht, wusste sie doch, dass immer mehr nachkommen würde. Erst als sie gewiss war, dass beide satt waren, kehrte sie zum Bau zurück. Vielleicht hat es sich vor 3.000 Jahren so zugetragen an den Ufern des Tibers. Vielleicht auch nicht. Aber zwischen den Urahnen der Hunde und den heutigen Hunden sind die Bande stärker, als wir gemeinhin denken.

62__Maf

Ein Pelz für den Hund von Marilyn

Sie hieß Norma Jean Baker, berühmt aber wurde sie unter dem Namen Marilyn Monroe, der Millionen von Männern auf der Welt tagträumen ließ, die blonde Verkörperung von Sex und Weiblichkeit. Er führte einen Namen, der sogar für einen Hund eigenartig ist: Maf, die Verniedlichungsform von Mafia. Eine Wortschöpfung von Marilyn selbst, die sich auf diese Weise bei Frank Sinatra für den niedlichen Malteser bedankte, den er ihr zum Geschenk machte, und damit auf seine vermeintlichen oder tatsächlichen Beziehungen zur Unterwelt anspielte. Für Marilyn war der Name allerdings mehr ein Scherz, verliebte sie sich doch Hals über Kopf in dieses Hündchen und hatte in ihm den Freund gefunden, der ihr unter den Menschen verwehrt geblieben war. Sie umgarnte ihn mit allen nur denkbaren Aufmerksamkeiten. Damit er so komfortabel wie möglich ruhen konnte, ließ sie ihn angeblich in einem sehr teuren Pelz schlafen, ein Geschenk ihres dritten Ehemannes Arthur Miller.

Aber das Schicksal des armen Maf, der bereits mehrmals den Besitzer gewechselt hatte (bevor Sinatra ihn kaufte, gehörte er der Mutter von Natalie Wood, der Schauspielerin von »… denn sie wissen nicht, was sie tun«), sollte nicht lange so behütet und komfortabel bleiben.

Am 5. August 1962 musste die Welt bestürzt erfahren, dass Marilyn Monroe nicht mehr war, sodass das Hündchen wieder einmal den Haushalt wechseln musste. Dieses Mal erbarmte sich die Sekretärin von Frank Sinatra, Gloria Lovell, bei der Maf seine letzten Lebensjahre verbrachte. Aber die Geschichte ist noch nicht zu Ende. Fast ein halbes Jahrhundert nach dem Tod von Marilyn wurde Maf 2010 die Erzählstimme eines Romans von Andrew O'Hagan, »The Life and Opinions of Maf the Dog, and of His Friend Marilyn Monroe«, auf Deutsch »Leben und Ansichten von Maf dem Hund und seiner Freundin Marilyn Monroe«. In diesem Zwitter aus Biografie und Fiktion hat O'Hagan den Blickpunkt des kleinen Maltesers gewählt, um die Geschichte einer schönen, geistreichen und unglücklichen Frau zu erzählen, der diese Perspektive vermutlich gefallen hätte: »Hunde«, sagte Marilyn nämlich einmal, »beißen mich nie. Nur Menschen.«

63__Martha

Hündische Streicheleinheiten in der Abbey Road

Wie vielen Hunden wurden Lieder gewidmet? Wahrscheinlich einigen, aber nur in sehr seltenen Fällen hatte das Stück einen solch durchschlagenden Erfolg wie »Martha My Dear«, das Paul McCartney 1968 komponierte und das im selben Jahr auf dem legendären weißen Doppelalbum der Beatles erschien.

Ja, denn das »silly girl«, an das sich Paul im Song zärtlich wendet, ist kein Mädchen (auch wenn McCartney vielleicht seine Ex-Freundin Jane Asher im Kopf hatte, die ihm kurz zuvor den Laufpass gegeben hatte), sondern eine sympathische Bobtail-Hündin, in die der Beatle vernarrt war.

Die Chroniken verzeichnen ihre Geburt für den 16. Juni 1966, und McCartney hatte sie noch als Welpe in einem wichtigen Moment seines Lebens adoptiert. Nicht nur erreichte der Ruhm der Beatles in dieser Zeit neue Höhepunkte, sondern Paul war auch in sein neues Heim in der Cavendish Avenue umgezogen, das, unweit der Studios in der Abbey Road gelegen, zu einer Art Hauptquartier der Band werden sollte. Dieser idyllische und bis auf die lärmenden Fans ruhige Stadtteil mit seinen baumbestandenen Alleen heißt St. John's Wood und liegt etwas ab vom Londoner Zentrum. Ein perfekter Ort, um mit Martha Gassi zu gehen.

Viele Fotos zeigen beide zusammen beim Spaziergang, und in allen kommt die Zuneigung Pauls zu seiner kleinen Hündin zum Ausdruck: »Ich erinnere mich, wie John sich wunderte, wie ich in sie vernarrt war«, sollte McCartney später erklären. »Er sagte, dass er mich noch nie in diesem Zustand gesehen hatte. Und da hatte er recht: So fühlst du dich nur, wenn du einen Hund liebkost, denn das mochte sie ganz besonders.«

Die Zeit ist vergangen. Martha hat sie genossen, zuerst in London, dann auf dem schottischen Bauernhof des nunmehr Ex-Beatle in Mull of Kintyre, wo sie 1981 mit 15 Jahren verschied. Einer ihrer Söhne, Arrow, erscheint auf dem Cover der Scheibe »Paul Is Live« aus dem Jahr 1993, wie er die Abbey Road überquert. Der Kreis schließt sich. »Don't forget me, Martha, my dear …«

64 Master McGrath

Ein kleiner Athlet mit zu großem Herzen

Über die Kindheit von Master McGrath erzählt man sich verschiedene Geschichten. Manche sagen, er sei im Haus eines bekannten irischen Windhundzüchters namens James Galwey zur Welt gekommen, und bereits sein Vater Dervock sei ein Champion gewesen. Andere behaupten, dass sein Leben zunächst unter einem schlechten Stern stand und er wie durch ein Wunder gerettet wurde, als ihn ein paar Jungs ertränken wollten.

Über eines sind sich aber alle Fassungen einig: Als er 1866 auf die Welt kam, war er so klein und schwach, dass niemand einen Penny auf ihn gesetzt hätte. Am Ende war er der berühmteste Vierbeiner seiner Zeit, jedenfalls in Irland, und manche sind sich sicher, dass die schlanke Silhouette auf der Sechs-Pence-Münze, die ab 1927 geprägt wurde, seine sein muss.

Master McGrath hat den Weg zum Ruhm schnell eingeschlagen, hatte er doch schon mit zwei Jahren zum ersten Mal einen Wettbewerb gewonnen, den Waterloo Cup, der Tausende Zuschauer und Wettende nach Lancashire trieb. 2005 wurden solche Rennen, bei dem die zugelassenen Hunde einem Hasen auf Sicht nachrennen, aus Tierschutzgründen verboten, aber damals gab es nur wenige, die sich die Frage stellten, ob dieser Zeitvertreib für Tiere grausam sein könnte.

So wurde der kleine und geschwinde Master McGrath eine Legende. Nach seinem ersten Sieg 1868 ließ er im nächsten Jahr eine Neuauflage folgen. 1871 gewann er erneut, trotz eines Unfalls 1870, in dessen Gefolge sein Herrchen, Lord Lurgan, geschworen hatte, er würde ihn nie mehr rennen lassen. Was er später allerdings offenbar vergaß …

Infolge seines Ruhms wurde er von Königin Victoria nach Windsor Castle eingeladen, er stand vielen Malern Modell, und zu seinen Ehren wurde gar ein Gedicht komponiert, das vertont und zu einem sehr populären Tanzlied wurde. Als er endlich ausruhen konnte, war es schon zu spät: Bei seinem Tod 1873 ergab die Autopsie, dass sich das Herz des kleinen Rasers übermäßig vergrößert hatte – wie bei allen Athleten, die ihren Körper systematisch überanstrengen.

65 Melampo

Eine Ausnahme von der Regel

Unter den vielen heldenhaften Hunden, die ihren Herrchen bis zu ihrem Tode treu geblieben sind, macht sich eine Ausnahme ganz gut, ein abgefeimter Typ, der bereit war, seinen Herrn zu betrügen, um etwas zwischen die Zähne zu bekommen. Er heißt Melampo, und wir begegnen ihm in einem der beliebtesten Bücher (nicht nur) für Kinder, die jemals geschrieben wurden: »Die Abenteuer des Pinocchio«.

Aber eigentlich begegnen wir ihm gar nicht, denn als die Holzpuppe am Bauernhof anlangt, wo Melampo wohnte, ist dieser gar nicht mehr da, sondern schon im Vierbeinerparadies, sofern es das gibt, und Pinocchio ist es vorbehalten, seinen Platz auszufüllen und Wache am Hühnerstall zu schieben, mit einem messingbeschlagenen Halsband und einer an der Wand befestigten Eisenkette.

Hatte Melampo auch wegen dieses barbarischen Umgangs plötzlich entschieden, dass andere für ihn den Hundejob machen sollten? Der Autor Collodi verrät es uns nicht, aber erzählt, dass die Puppe in der Nacht »ein Wispern merkwürdiger Stimmen« vernahm. Es sind vier Steinmarder, die ihm einen Deal vorschlagen, nämlich denselben, den sie bereits mit dem verstorbenen Wachhund abgeschlossen hatten, natürlich ohne den Bauern in die Pläne einzuweihen: Wenn Pinocchio sich schlafend stellte und sie in den Hühnerstall einließe, um die Hühner zu stehlen, dann würde er eines am nächsten Tag fertig zubereitet zum Frühstück erhalten.

Wer das Buch gelesen hat, weiß, wie die Sache ausgeht: Pinocchio geht scheinbar auf das Abkommen ein, stellt den Mardern aber eine Falle und fängt an zu bellen, als wäre er ein echter Wachhund. Und der Bauer, glücklich, endlich die Räuber seiner Eier erwischt zu haben, befreit ihn voll des Lobes: »Wenn ich bedenke«, sagt er, »dass Melampo, mein treuer Melampo, nie was mitbekommen hat!«

Nun könnte Pinocchio den Verrat des Wachhundes offenlegen, aber er zieht es vor, weise zu schweigen: »Die Toten sind tot«, denkt er, »und das Beste, was ich tun kann, ist, sie in Ruhe zu lassen!« Vor allem, wenn sie, wie der arme Melampo, ihr Leben an der Kette verbracht haben.

66 Mexican Pet

Ein wahrlich »legendäres« Tier

Wenn Sie in den letzten Jahren mal in den USA waren, dann haben Sie vielleicht von dieser unheimlichen Geschichte gehört.

Eine Frau aus La Mesa in Kalifornien, nahe der Grenze zu Mexiko, beschließt eines Tages, ihren Einkauf jenseits der Grenze in Tijuana zu machen, wo man öfter auf streunende Hunde stößt, die die Straßen nach etwas Essbarem absuchen. Und während die Frau ihre Einkäufe macht, bemerkt sie einen verloren wirkenden kleinen Hund mit großen Augen, die um Zuneigung und Futter bitten. Als sie ihm etwas zu fressen schenkt, trennt sich das Hündchen nicht mehr von ihr.

Die Frau ist gerührt, weiß jedoch, dass es illegal ist, einen Hund in die USA zu bringen. Sie hat aber nicht das Herz, ihren neuen Freund im Stich zu lassen. So lässt sie ihn ins Auto steigen, bettet ihn unter Decken und passiert die Grenze, ohne dass die Grenzpolizei misstrauisch wird.

Einmal zu Hause, kann es die Frau nicht erwarten, den Findling ihrer Familie und ihren Freunden zu zeigen. Zunächst will sie ihn für die Impfungen zum Tierarzt bringen, aber es ist bereits spät, und so schläft sie, nachdem sie den Hund gebadet hat, mit ihm im Arm glücklich ein. Am Morgen hat der Hund Schaum vor dem Mund, vielleicht ist er krank. Die Frau steckt ihn in eine Schachtel, rast zum Tierarzt und übergibt den Hund. Die Sekretärin rät ihr, wieder nach Hause zu fahren und auf den Anruf nach der Visite zu warten. Sie ist gerade zur Tür hinein, dann klingelt das Telefon. »Wo haben Sie dieses Tier gefunden?«, fragt sie der Tierarzt brüsk. Sie druckst herum, weiß nicht, was sie erwartet: »Was Sie da aufgesammelt haben«, sagt ihr der Tierarzt, »war kein Hund, sondern eine gefährliche mexikanische Ratte, die ich gerade eingeschläfert habe.«

Aber keine Angst. Die Geschichte des mexikanischen »Hündchens« (kenianisch in den Versionen anderer Länder aus den 1980ern) ist eine Großstadtlegende, eine von vielen, die der Folklore-Experte J. H. Brunvand für uns gesammelt hat. Aber wenn Sie ein Hündchen sehen, das allein durch die Straßen irrt, dann bringen Sie es sicherheitshalber gleich zum Tierarzt.

67 Das Museum of the Dog

Kunstwerke mit Schwanz und Pfoten

Um ehrlich zu sein: Für ein Hundemuseum haben Hunde wirklich nichts übrig. Und wenn Herrchen oder Frauchen sie doch in die Säle mit den vielen Werken führen, die von Jahrhunderten von Hundeporträtkunst zeugen, dann durchqueren sie sie zerstreut und können es kaum erwarten, ins Freie und dann nach Hause zur Familie zu gelangen, wo auf die zum Glück heutzutage immer besser versorgten Vierbeiner eine volle Schüssel mit Futter und ein Bettchen für die wohlverdiente Ruhe warten.

Mit den menschlichen Begleitern der Hunde verhält es sich etwas anders, denn diese begeistern sich oft für die frühe Geschichte ihrer pelzigen Freunde und entdecken interessiert und neugierig die vielen Arten, auf die Künstler sie gemalt haben. Ihnen zuliebe wurde in den 1970er Jahren in den USA das Museum of the Dog gegründet, das nach einigen Wanderungen 1985 seinen festen Sitz in einem historischen Anwesen, dem Jarville House in einem Vorort von St. Louis, Missouri, bezogen hat. Sicher ist es nicht das weltweit einzige Museum seiner Art, aber es ist das, das von sich behauptet, seinen Besuchern die größte Kollektion von Kunstwerken rund um den Hund zu zeigen.

Insgesamt zählt man hier zwischen Skulpturen, Gemälden und Fotografien circa 4.000 Exponate, darunter auch historisch bedeutsame Werke, wie etwa das Doppelporträt eines schottischen Windhundes und eines Foxhound, die Mitte des 19. Jahrhunderts von niemand anderem als dem größten Spezialisten des Genres, dem Engländer Sir Edwin Landseer, gemalt wurden. Oder das Bild mit zwei Salukis (persische Windhunde), das ein anderer britischer Maler anfertigte, der im selben Zeitraum lebte, James Ward. Viele weitere, modernere und weniger bekannte Kunstwerke zieren die Wände, die das Publikum in den Bann ziehen, von der Harlekindogge aus Porzellan von Rosenthal bis zu den Murales des Amerikaners James Hubbell.

Zum Museum gehört auch eine Bibliothek mit Abertausenden Bänden, die, so die Kuratoren, durch Schenkungen von Sammlern von Hundekunst ständig wächst. Aber die direkt Betroffenen schert das nicht, und sie ziehen schwanzwedelnd von dannen ins Freie.

68__Nana

Eine perfekte Freundin auf vier Pfoten

Vergesst Mary Poppins! Das ideale Kindermädchen ist Nana aus »Peter Pan« von James Barrie. Die von den Darlings zur Betreuung ihrer Kinder Wendy, John und Michael hinzugerufene große und pelzige, sorgfältige und offenherzige Vierbeinerin scheint wie gemacht für den Job, ja, besser geeignet als so manches menschliche Kindermädchen.

Denn die Darlings können sich eine Kinderfrau auf zwei Beinen nicht leisten, aber sie achten auf Anstand und sind in den Kensington Gardens auf Nana aufmerksam geworden, die bereits vor ihrer Anstellung bei ihnen die Gewohnheit pflegte, alle Kinder in ihren Wagen zu überwachen und diejenigen Mütter kritisch zu beäugen, die ihren Nachwuchs nicht genügend im Auge hatten. Sie ist anders: Jeden Abend macht sie das Bad für Wendy und die Brüder, ist aufmerksam und beim geringsten Geräusch nachts wach und besitzt ein untrügliches Gespür, ob dieser Hustenanfall harmlos ist oder ob sie doch besser einen Schal und einen Löffel Rhabarbersirup holen sollte, ein altes Hausmittel, viel wirkungsvoller als die Medikamente aus der Apotheke.

Wie jedes ordentliche Kindermädchen bringt Nana ihre Schützlinge natürlich auch in die Schule und zum Bolzplatz, achtet darauf, dass sie im regnerischen England nie ihren Regenschirm vergessen (den sie fest im Maul hält), und sendet ihren menschlichen Kollegen verächtliche Blicke zu, wenn diese mal wieder nur zum Tratschen zusammenkommen. Sie würde es nie sagen, aber das Eindringen der Freundinnen von Mrs. Darling in das Kinderzimmer schätzt sie nicht besonders, auch wenn sie die Kinder freilich im Nu anzieht und kämmt, damit sie gelobt und gehätschelt werden können.

Vielleicht ist Nana einfach zu gut, und Mr. Darling fühlt sich nicht ausreichend von ihr anerkannt. Wahrscheinlich ist er eifersüchtig. Eines Abends, an den sich alle noch lange erinnern werden, kettet er sie für eine Nichtigkeit im Garten an. Das ruft Peter Pan auf den Plan, und Wendy, John und Michael werden ihm auf die Insel folgen, die es nicht gibt.

Ohne Nana wäre all dies nicht geschehen.

69__Nipper

Die Stimme des Herrn

Er wurde 1884 in Bristol geboren und machte sich im Viertel als leidenschaftlicher Wadenbeißer einen Namen, nämlich Nipper »Beißer«. Undenkbar damals, dass dieser kleine, undisziplinierte schwarz-weiße Welpe eines Tages zum Symbol des 20. Jahrhunderts und darüber hinaus werden sollte.

Wir alle werden ihn wohl schon einmal auf dem Cover einer Platte oder auf einem Werbeschild gesehen haben, wie er gesittet vor einem Grammofon sitzt, die dunklen Ohren aufgerichtet, um den Klängen aus der imposanten Röhre besser lauschen zu können. Nipper war das Markenzeichen von His Master's Voice und vielen anderen Musiklabels und prangt heute auf dem Logo der Kette HMV. Noch heute ist sein Ruhm so groß, dass ihm in Piccadilly 2014 eine Gedenktafel gewidmet wurde.

Hier im Zentrum Londons nämlich nahm seine Karriere ihren Lauf, auch wenn Nipper freilich nie einen Fuß, Pardon, eine Pfote in die britische Hauptstadt gesetzt hat. Sein Herrchen, der Bühnenbildner Francis Barraud, der ihn nach dem Tod seines Bruders Mark geerbt hatte, hielt ihn einige Jahre in Liverpool, um ihn dann seiner Nichte in Kingston-upon-Thames anzuvertrauen, wo der Hund 1895 starb, damals noch unbekannt, wenn man seine Gabe zur Vogeljagd im Richmond Park einmal ausnimmt.

Erst drei Jahre nach seinem Ableben beschloss Barraud, der in der Zwischenzeit nach London umgezogen war, Nipper in der Pose zu verewigen, die ihn am meisten beeindruckt hatte. Sein Bild wurde 1899 als »Hund, ein Grammophon betrachtend und lauschend«, registriert und später in »Die Stimme des Herrn« umbenannt. Zunächst war ihm nur geringer Erfolg beschieden: Die Royal Academy, verschiedene Zeitschriften und schließlich auch die Edison Bell Company lehnten es ab, Letztere mit der Begründung: »Hunde hören keine Platten.«

Als weniger kurzsichtig erwies sich die neu gegründete Gramophone Company, die das Bild kaufte, den Urheber aber bat, den alten Apparat durch ein »brandneues« Grammofon zu ersetzen. Der Rest ist Geschichte.

70_Owney

Das Arbeitstier der Briefträger

In einem anderen Leben war Owney vielleicht Postbote. In seinem Leben als Vierbeiner, Ende des 19. Jahrhunderts, war er es ganz sicher.

Als er das erste Mal das Postamt in Albany im Bundesstaat New York betrat, war er etwa ein Jahr alt, auch wenn es schwierig ist, das Alter eines Straßenhundes genau zu bestimmen. Es war ein regnerischer Abend, und der Hund, ein Terriermischling, schlüpfte durch die erste offen stehende Tür, die sich ihm bot. Aber der Geruch, den er dahinter wahrnahm, gefiel ihm sehr. Noch mehr gefiel ihm vielleicht, dass der schichthabende Beamte namens Owen ihn nicht nur, entgegen der Vorschrift, nicht vor die Tür setzte, sondern ihm auch zu fressen gab und ihn in einem der hinteren Zimmer unterbrachte.

Hier erfüllte sich Owneys Traum: Am nächsten Tag wurde er von Owens Kollegen herzlich begrüßt und auf den Namen seines Wohltäters getauft. Er verwandelte sich in den arbeitswütigsten aller Postboten des Amts, schlief auf Postsäcken und begleitete diese auf die Züge, wohin auch immer sie fuhren. Von 1888, seinem Eintrittsjahr in den Dienst, bis 1897, als er aus Altersgründen in Rente ging, hatte er fast alle amerikanischen Bundesstaaten abgeklappert, war auch in Kanada gewesen und trat 1895 gar eine Weltreise mit Eisenbahn und Schiff über 140.000 Meilen, mehr als 225.000 Kilometer, an!

Mittlerweile war er zum Maskottchen des Railway Post Office avanciert, und er trug ein entsprechendes Halsband, das seine Rolle hervorhob: »Owney, Post Office, Albany, New York«. Auch wenn er hin und wieder für ein paar Tage verschwand, beschwerte sich niemand. Im Gegenteil, die Postboten überall in den USA sahen ihn als Glücksbringer an, denn keiner der Züge, auf denen er reiste, war jemals verunglückt.

Wie viele berühmte Hunde wurde er nach seinem Tod ausgestopft, sodass man ihn noch heute im Atrium des National Postal Museum in Washington sehen kann. 2011 wurde ihm gar eine Briefmarke gewidmet: die höchste aller Ehrungen für einen Briefträgerhund.

Adresse 2 Massachusetts Ave NE, Washington, DC 20002, USA. Das National Postal Museum, in dem man die Hommage an den Briefträgerhund Owney bewundern kann, liegt in Washington vor der Union Station.

71__Pancho

Pfoten und Schwanz für die Lotus-Position

An jenem Tag hatte Niccolò Bello, genannt Nic, ein italienischer Filmemacher, den es nach Los Angeles verschlagen hatte, gar nicht vor, einen Hund zu adoptieren. Zwar sollte er einer Freundin einen Besuch abstatten, deren Chihuahua soeben einen Wurf Welpen geboren hatte, aber eigentlich hatte er dabei nur seine Ex-Freundin begleitet, die ihrer Mutter einen Welpen schenken wollte. Aber dann, sagt Nic, sei »etwas Magisches passiert: im Wohnzimmer dieser Freundin war dieser kleiner Hund, der hin und her sprang ... da habe ich mich Hals über Kopf verliebt«.

Springen wir in die Zukunft: Nic und sein kleines Hündchen – das jetzt auch einen Namen besitzt, Pancho, Kosename Panchino – sind seit dem 3. September 2013 weltberühmt, als Nic das Video »Yoga Time with a Cute Chihuahua« auf YouTube gestellt hat. Ergebnis: fünf Millionen Klicks und eine internationale Fangemeinde, die keine der Heldentaten des Hundes verpasst und sein Herrchen manchmal auch tadelt, zum Beispiel als Nic Panchino im Schnee versinken ließ (ein Scherz wohlgemerkt: eine volle Wasserflasche, die als Vierbeiner verkleidet war).

Für die meisten seiner Fans bleibt Pancho aber der yogapraktizierende Chihuahua, der die Lehren seines »Meisters« Nic strikt befolgt. Ob es sich dabei um die alte indische Disziplin oder um ihren kalifornischen Zwitterableger handelt, bewegt zwar die Gemüter auf YouTube, aber was die Internetgemeinde an den Videos von Nic und Pancho so liebt, ist nicht die Präzision der verschiedenen Asanas, sondern das stillschweigende Einverständnis zwischen Zwei- und Vierbeiner und das Geschick des Letzteren, den Bewegungen seines Herrchens zu folgen.

Wahrscheinlich ist es eine Frage der Spiegelneuronen, jener Gehirnzellen, die uns helfen, die Gefühle unseres Gegenübers zu verstehen und uns in es einzufühlen. Anfang der 1990er Jahre wurden diese in Menschen nachgewiesen, aber mittlerweile scheint festzustehen, dass auch unsere Hundefreunde damit gesegnet sind. Pancho jedenfalls braucht über einen Mangel nicht zu klagen.

72__Peritas

Der Kampfhund von Alexander dem Großen

Der Hund von Alexander dem Großen konnte seinem Herrn natürlich an Größe in nichts nachstehen. Zwar wissen wir nicht, welcher Rasse er angehörte (einige vermuten, er war ein Molosser, vielleicht ein Urahn der Bulldogge), aber sicher war er ein majestätischer und scharfer Hund, genau wie ihn der mazedonische Heerführer wollte.

So erzählt man, dass vor der Zeit des Peritas der König von Epirus Alexander einen anderen Hund schenkte, der sich gegenüber den Bären und Wildschweinen, bei deren Jagd er eingesetzt werden sollte, als nicht kämpferisch genug erwies, sodass er kurzerhand getötet wurde. Peritas, der ebenfalls vom König von Epirus stammte, schien sich dem damals mächtigsten Mann der Erde eilfertig empfehlen zu wollen und zeigte sich gleich als aus einem ganz anderen Holz geschnitzt: Um seine Talente zu rühmen, erzählten die Chronisten der Zeit, dass Alexander ihn einem Löwen gegenüberstellte und der Hund ihn zerfleischte. Sogar einen Elefanten soll Peritas so lange in die Flanken gebissen haben, bis dieser erschöpft zu Boden sank. Der Hund hatte die Prüfung mit voller Punktzahl bestanden und wurde fortan der Leibhund Alexanders – eine Aufgabe, die, wie wir gesehen haben, nicht gerade entspannend anmutet.

Plutarch und Plinius, von denen wir von Peritas wissen, schweigen sich über die nächsten Jahre aus, aber angesichts der Voraussetzungen ist es wahrscheinlich, dass er sein Leben auf allen Kriegsschauplätzen der Zeit verbrachte. Einige Quellen berichten, dass er im Laufe einer besonders blutigen Schlacht von einem Säbelhieb tödlich getroffen wurde, der eigentlich seinem Herrn Alexander galt.

Für diesen Opferwillen gibt es keine Belege, aber die Historiker sind sich darin einig, dass sein Tod ehrenhaft war und dass Alexander, wie bereits bei seinem legendären Streitross Bukephalos, eine Stadt in Indien nach dem Hund benannte. Wo diese liegt, ob es sie noch unter einer anderen Bezeichnung gibt, wissen wir nicht. Wir können nur hoffen, dass die Hunde dort ein ruhigeres Leben führen als der selige Peritas.

Tipp Sehr wahrscheinlich wurde Peritas Alexander im Winter geschenkt. Darauf weist sein Name hin, der auf Mazedonisch »Januar« bedeutet.

73__Pickles

Der Hund, der die Coupe Rimet wiederfand

Der Diebstahl war so spektakulär wie dreist: Jemand hatte den berühmten Jules-Rimet-Pokal entwendet, der traditionell der siegreichen Mannschaft der Fußballweltmeisterschaften verliehen wird. Die Diebe hatten ihn aus der Westminster Central Hall in London gestohlen, wo die Trophäe in einer Ausstellung zusammen mit kostbaren Sportbriefmarken ausgestellt war.

Es war März 1966, und wenige Monate später sollten die Weltmeisterschaften in England stattfinden. Die Absicht der Verbrecher war klar: den Pokal nur gegen Lösegeldzahlung zurückzugeben. So geschah es: Der Präsident der Football Association erhielt ein anonymes Päckchen mit der Forderung von 15.000 Pfund Sterling und einem abnehmbaren Teil des Pokals zum Beweis, dass es sich nicht um einen Scherz handelte. Scotland Yard wurde eingeschaltet, ein Mann wurde verhaftet. Aber der Pokal blieb verschwunden.

Hier betrat zum Glück Pickles die Bühne, ein Vierbeiner, der zwar von Fußball nichts verstand, dafür aber einen großen Riecher hatte. Am Sonntagabend des 27. März gingen Pickles und sein Herrchen, ein junger Mann namens David Corbett, im heimischen Norwood im Süden Londons spazieren. »Irgendwann«, erzählte Corbett, »begann er sich komisch zu verhalten. Er lief aufgeregt umher, als ob er etwas gefunden hätte.« Der Mann begab sich zu dem vom Hund angezeigten Ort und sah dort ein mit Zeitungspapier umhülltes und mit Bindfaden verschnürtes Päckchen. Natürlich war es der Rimet-Pokal.

Zu Anfang verdächtigte man Corbett, eine Rolle beim Diebstahl gespielt zu haben, aber dann wurde er entlastet und zusammen mit Pickles, dem eigentlichen Helden, mit einer Belohnung von 5.000 Pfund Sterling gefeiert. Der Hund erhielt eine Medaille der National Canine Defence League und wurde in vielen Ländern zum Hund des Jahres gewählt. Im Film »The Spy with the Cold Nose« wird seine Geschichte erzählt. Sollte er also zum Filmstar werden? Möglich wäre es gewesen, aber leider starb Pickles im darauffolgenden Jahr bei der Verfolgung einer Katze. Auf seinem Grab ein einfaches Schild: »Pickles, der den Rimet-Pokal wiederfand.«

74__Pluto

Ein Hund an der Leine einer Maus

Wir merken es oftmals gar nicht, so eingenommen sind wir von den Geschichten: Die tierische Welt von Disney ist reichlich kompliziert. Natürlich sind Mickey und Minnie Mäuse, aber Goofy zum Beispiel ist ein sehr menschenähnlicher Hund, den man eher nicht mit einem Vierbeiner assoziieren würde. Wenn man dann noch an das Pferd Rudi Ross denkt, das mit der Kuh Klarabella liiert ist, wird es schräg.

Zum Glück gibt es in diesem Durcheinander auch Pluto. Der ist ein Hund, wie wir ihn kennen, mit vier Pfoten und einem Schwanz, und er verfolgt nicht die Absicht, aufrecht zu gehen, Hemd und Hosen zu tragen oder zu sprechen, auch wenn er natürlich – wie jeder ordentliche Hund – in der Lage ist, seine Gefühle durch Bellen oder Schütteln seiner langen schwarzen Ohren perfekt zum Ausdruck zu bringen.

Die einzigen Worte, die er gesprochen hat, waren diese beiden: Kiss me (»Küss mich«). Damit ist er eine sehr ungewöhnliche Disney-Figur, so gar nicht vermenschlicht.

Zum ersten Mal begegnen wir Pluto im September 1930 im Film »The Chain Gang«. Er hat noch keinen Namen und steht wundersamerweise in Diensten einer Kater-Karlo-Frühform, der einen entflohenen Sträfling, nämlich Micky Maus, sucht! Nur anderthalb Monate später ist Pluto wieder da, aber er ist noch in der »Prüfphase«. Dieses Mal heißt er Rover und gehört Minnie.

Erst Anfang 1931 in »The Moose Hunt« wird der gelbliche Mischling endgültig zum Hund von Micky und erhält den Namen, den Generationen von Kindern lieben werden: Pluto – zu Ehren des Planeten, den man damals für den neunten Planeten des Sonnensystems hielt und der im Mai des Vorjahres entdeckt worden war.

Es dauert aber noch weitere drei Jahre, bis er vom einfachen Komparsen zur Hauptfigur avanciert: Mit »Playful Pluto«, einer Sequenz, in der der Hund heldenhaft mit einem Stück sehr klebrigen Fliegenpapiers kämpft, geht er in die Annalen der Animationsfilmgeschichte ein. Ein Star ist geboren.

75___Pongo
Die Flecken, die Disney retteten

Es scheint unglaublich, aber es gab einen Moment, in dem man bei Disney ernsthaft erwog, aus dem Animationsfilm auszusteigen. Es war 1959, das Jahr, in dem »Dornröschen« erschien, der, trotz einer sehr kostenintensiven Bearbeitung, an den Kinokassen nicht die erhofften Resultate brachte, jedenfalls nicht sofort.

Zwei Jahre später wurde die Krise jedoch durch eine Bande von Hunden überwunden. Der 1961 in den amerikanischen Kinos ausgestrahlte Film »One Hundred and One Dalmatians«, auf Deutsch »101 Dalmatiner«, brachte die Studios von Burbank dank einer geglückten Kombination wieder in die Spur: ein hervorragender Kassenschlager und eine neue Animationstechnik, die relativ wenig kostete und für die Realisierung der schwarzen Punkte der Vierbeiner-Protagonisten wie geschaffen war. Eine beachtliche Einsparung, bedenkt man, dass die Flecken in 113.760 Einstellungen auftauchen und es insgesamt stolze 6.469.952 nicht gleichmäßig auf die Dalmatiner verteilte Punkte gibt, denn die Welpen haben jeder nur 32, Mama Perdita 68 und Papa Pongo 72 Punkte.

Von Pongo stammt auch die Erzählerstimme des Films, und er ist das wahre Hirn des Plots, sehr viel mehr als sein menschlicher Partner, der Musiker Roger Radcliffe, der nicht darauf kommt, dass Pongo das Treffen im Park mit ihren beiden zukünftigen Freundinnen, der Zweibeinerin Anita und der haarigen Peggy, arrangiert hat.

Vielleicht haben sie bei Disney aus diesem Grund beschlossen, seine Stimme tiefer als die von Roger zu konzipieren, und so fiel die Wahl für das englische Original auf den australischen Schauspieler Rod Taylor, der lange Radioerfahrung mitbrachte (und später auch in »Die Vögel« von Hitchcock mitspielen sollte).

Für das Bellen wurde auf einen anderen »Synchronsprecher« zurückgegriffen, allerdings nicht, wie man denken könnte, auf einen Vierbeiner. Stattdessen lieh erneut ein Mensch, nämlich Clarence Nash, der zuvor bereits als Donald Duck quaken durfte, Pongo und seinen Dalmatinern seine Bellstimme. Als ob es keinen Unterschied zwischen Enten und Hunden gäbe.

76__Pupa
Eine Vergangenheit als Kampfhund

Früher hatte man es als Vierbeiner oft schwer, führte ein entbehrungsreiches Leben, ein »Hundeleben« eben.

Heute ist vieles anders, aber für einige Hunde ist die Existenz buchstäblich noch ein Kampf, wenn sie nämlich als *fighting dogs* eine Geldquelle für die Organisatoren von Hundekämpfen darstellen, die zwar strafrechtlich verfolgt, im verschwiegenen Kriminellenmilieu aber nur selten erwischt werden. Viel Gewinn bei wenig Risiko also – welcher Hund würde schon Anzeige gegen seine Peiniger erstatten?

Diese armen Kreaturen, die schwere Halsbänder zum Aufbau der Kopf- und Nackenmuskulatur tragen müssen, werden zu hartem Training gezwungen und bekommen Futter, das mit aufputschenden Mitteln angereichert ist. Wenige von ihnen werden alt, und ihr Ende ist meist grausam: Von ihrem Gegner zerfleischt, werden sie sterbend am Straßenrand entsorgt.

Genau dieses Schicksal widerfuhr Anfang 2014 auch einem Pitbull, den man ausgesetzt auf einem Bürgersteig am Stadtrand des sizilianischen Messina fand. Er war durch den Blutverlust geschwächt und wies Bissspuren am ganzen Körper auf. Man glaubte kaum mehr an seine Genesung, aber die Polizisten beschlossen dennoch, ihn in eine Tierklinik zu bringen, wo er tatsächlich gegen jede Erwartung nach einer langen Operation, einem Monat Klinikaufenthalt und vielen Behandlungen wieder gesund wurde. Aber das Schwerste stand ihm noch bevor: eine Familie zu finden, die keine Angst davor hatte, einen ehemaligen Kampfhund bei sich aufzunehmen, und in der Lage war, ihm ein ruhiges, normales Leben zu garantieren. Anders als vor einigen Jahrzehnten erscheint eine solche Aufgabe nicht mehr als unlösbar, dennoch braucht es viel Gespür, Geduld und Entschlossenheit. Viele hatten sich angeboten, den Pitbull zu adoptieren, aber am Ende hat der Hund Liebe und Vertrauen bei einem Veterinär derselben Klinik gefunden und ist zu ihm gezogen.

Heute heißt sie Pupa, und ihr Name ist (glücklicherweise) nicht mehr in den Medien zu finden. Und wir hoffen, dass ihre kriegerische Vergangenheit, wenn überhaupt, nur als böser Traum wiederkehrt.

77___Reste

Der Hund des heiligen Rochus

Er war einer unter vielen aus der Meute eines Junkers. Zusammen mit den anderen lief er auf Treibjagden, um das Wild zu stellen, und scharwenzelte im Burghof herum, wenn der Herr nicht zu Hause war. Nichts unterschied ihn von den anderen – außer seinem Namen, Reste, den uns die Legende überliefert hat.

Eines Tages jedoch merkte jemand, dass sich das Tier merkwürdig verhielt. Jeden Morgen schlich es sich heimlich in die Küche, schaute sich sorgfältig um, dass ihm niemand folgte, und stürzte dann mit einem Stück Brot im Maul davon. Seine Verfolger hatte der Hund bisher abschütteln können, indem er Wege in der dichten Wildnis einschlug, auf denen sie ihm nicht folgen konnten.

Also wurde der Junker unterrichtet, dass einer seiner Hunde offenbar ein Geheimnis hatte. Neugierig beschloss der Adlige, es zu lüften. Er wartete außerhalb der Burg, bis Reste erschien, und war entschlossen, sich nicht abhängen zu lassen. Er folgte ihm auf seinem Weg hinunter ins Tal, durch Gestrüpp und dichte Hecken, und sah, wie er schließlich einen steilen Weg einen Hügel hinauf einschlug.

Ihn beschlich das Gefühl, dass der Hund, mit seinem Brot fest zwischen den Zähnen, sich seiner Gegenwart bewusst war und ihn auf seine Weise zu einem bestimmten Zielort lotste. Bestätigt wurde dies, als er seinen Blick hob und an der Flanke des Hügels eine Öffnung gewahrte, den Eingang einer Höhle. Dort hatte Reste sich hineinbegeben, und sein Herr folgte ihm mühsam. Drinnen war es dunkel, und man vernahm einen starken stechenden Geruch – den eines kranken Körpers. Als sich seine Augen an die Dunkelheit gewöhnt hatten, sah er einen Mann am Boden. Der Hund hatte sich an seine Seite gelegt und das Brot neben seiner Hand abgelegt, damit er es leicht nehmen konnte.

Sofern die Sage uns nicht irreleitet, lernte der adlige Gottardo Pallastrelli auf diese Weise Rochus von Montpellier kennen, der sich seit Langem für die Pestkranken eingesetzt hatte und nun, selbst erkrankt, von allen gemieden wurde. Von allen außer einem Hund.

78 Rex

Der Alptraum der Wiener Unterwelt

Vor Rex gab es Dox, einen echten Polizeihund aus Fleisch und Blut, der in Italien in den 1940er und 1950er Jahren die Kriminellen Roms und Umgebung das Fürchten lehrte, über 500 von ihnen dingfest machte und eine entscheidende Rolle in 161 Strafverfahren spielte. Genau wie Rex arbeitete Dox mit einem menschlichen Kollegen zusammen (dem Brigadiere Luigi Maimoni), konnte wichtige Indizien ermitteln, auch wenn sie kilometerweit entfernt waren, zögerte nicht, auf Verbrecherjagd über Dächer zu springen, und hatte eine Schwäche für Würste.

Ob sich die Macher von »Kommissar Rex«, die Österreicher Peter Hajek und Peter Moser, bei ihrer Figur Dox zum Vorbild nahmen, ist nicht bekannt, es scheint eher, als sei die Idee eines Polizeihundes als Dreh- und Angelpunkt der Serie ganz zufällig entstanden.

Anfang der 90er Jahre hatten Hajek und Moser, beide früher Reporter im Bereich Unfälle und Verbrechen, mit einer Polizeiserie in Wien begonnen.

Die Hauptfigur, Kommissar Richard Moser von der Kriminalpolizei der österreichischen Hauptstadt, sollte jung, energisch und unangepasst und mit schwierigen Fällen betraut sein, also solchen, die im wirklichen Leben passieren. Ein Gegenentwurf zum damals auf den deutschsprachigen Fernsehkanälen etablierten Modell mit bejahrten Ermittlern und Fällen ohne Pep.

Für eine gute Serie fehlte jedoch noch ein grundlegendes Element: ein Kumpel, der einem so starken Helden Paroli bieten konnte. Die beiden Drehbuchautoren hatten sich schon den Kopf zerbrochen, aber bislang jeden Vorschlag verworfen. Sie beschlossen endlich – so jedenfalls die Legende, die die beiden selbst in die Welt setzten –, das Schicksal entscheiden zu lassen: Die erste Person, die an diesem Tage ihr Arbeitszimmer betrat, sollte Vorbild für die Figur werden.

Wie man sich vorstellen kann, überschritt als Erster ein Vierbeiner die Türschwelle. Kommissar Rex war geboren!

79___Rigel

Der legendäre Neufundländer der »Titanic«

Über die Existenz von Rigel gehen die Meinungen auseinander. Wenn er aber überhaupt gelebt hat, dann war er sicherlich ein schwarzer Neufundländer, also kein Hund, den man leicht übersieht. Und es gibt (scheinbar verlässliche) Quellen – Artikel und Bücher wohlgemerkt –, die seinen Heldenmut beschreiben. Eine merkwürdige Angelegenheit, die aber perfekt zu einem der legendärsten Ereignisse des 20. Jahrhunderts passt: dem Untergang der »Titanic«.

April 1912. Einige Tage ist es her, dass die Welt mit Grauen und wachsender Neugierde erfahren hat, dass der Transatlantikdampfer, laut seinen Konstrukteuren unsinkbar, auf seiner Jungfernfahrt in den Tiefen des Nordatlantiks versunken ist. Die Öffentlichkeit will mehr wissen, mit immer neuen Details versorgt werden.

Eine Woche nach der Tragödie landete der »New York Herald« einen Scoop: Offenbar überlebten viele Passagiere dank der Geistesgegenwart eines Hundes, nämlich Rigel, dem Neufundländer des Ersten Offiziers der »Titanic«, William McMaster Murdoch. Der Mann selbst starb bei dem Unglück, aber sein Hund konnte sich schwimmend vom sinkenden Schiff entfernen und ein Rettungsboot ansteuern. Als sich die »Carpathia« näherte, eines der zur Rettung eilenden Schiffe, begann der Hund laut zu bellen, um sie zu warnen, dass sie dem Rettungsboot zu nahe gekommen war: Zum Glück vernahm der Kapitän Rigels Bellen, stoppte das Schiff und konnte alle Insassen des Rettungsboots an Bord nehmen. Und der Neufundländer? Auch er entging dem Tod, wenn auch nur knapp: Ein Matrose der »Carpathia«, Jonas Briggs, zog ihn mit einem Segeltuch auf die Planken.

Heute würde eine solche Geschichte in den Social Networks mit Likes und Herzchen überhäuft werden. Und auch damals hatte sie großen Erfolg und fand schnell ihren festen Platz in den Büchern über die Katastrophe. Erst später wandte jemand ein, dass kein Insasse des Rettungsboots sich an einen Hund erinnern konnte und dass die »Carpathia« kein Besatzungsmitglied namens Jonas Briggs aufwies. Vielleicht sind die Fake News gar keine so moderne Erfindung …

80 Rin Tin Tin

Der Urahn einer Dynastie von Stars

Wenn wir von Rin Rin Tin sprechen, dann denken wir an die Fernsehserie der 1950er Jahre, an den kleinen Gefreiten Rusty und den Leutnant Rip Masters. Aber viele Jahre zuvor trug ein Deutscher Schäferhund mit einem abenteuerlichen Leben diesen Namen, der zum Star des Stummfilms wurde und Urahn der vielen Rin Tin Tins unserer Träume ist.

Die Geschichte beginnt 1918 in Frankreich. Der Krieg geht dem Ende zu, als der amerikanische Soldat Lee Duncan auf einen halb zerstörten Hundezwinger stößt, in dem Deutsche Schäferhunde für den Dienst im deutschen Heer ausgebildet wurden. Nun sind alle Tiere tot, mit Ausnahme eines Weibchens und ihrer fünf Welpen. Der Soldat, dessen einziger Freund als Kind ein Hund war, nimmt sie mit sich und bringt sie bei Bekannten unter, alle bis auf zwei: Rin Tin Tin und Nanette, die mit ihm in seine kalifornische Heimat reisen.

1919 ist Duncan in Los Angeles. Mit ihm Rin Tin Tin und Nanette II. als Ersatz für Nanette aus Lothringen, die an einer Lungenentzündung verstorben ist. Anfangs denkt der junge Mann an die Gründung einer Hundezucht, aber es sind die Jahre, in denen die Filmindustrie boomt, sodass Duncan stattdessen auf Hollywood setzt. Jahrelang hält er sich und seine Hunde mit kleineren Rollen über Wasser, bis Rin Tin Tin 1923 endlich seine erste große Rolle als Protagonist in »Where the North Begins« erhält. Der Film bringt den Durchbruch für ihn und seinen jungen Drehbuchautor, Darryl F. Zanuck, der insgesamt 23 Filme mit dem Schauspielerhund dreht und dank dessen Beliebtheit später zum Produzenten wird.

Tausende Fanschreiben überschwemmen die Studios, der Bürgermeister von New York verleiht dem Hund die Schlüssel der Stadt, und 1929 streift man haarscharf einen Oscar, aber die Akademie beschließt am Ende, dass er keine geeignete Auszeichnung für Hunde ist. Von den 48 Welpen, die Rin Tin Tin mit Nanette II. hatte, treten ein paar in seine Fußstapfen, andere werden zu Schoßhunden von Stars wie Greta Garbo und Jean Harlow.

Sein Tod 1932 ist fast ein nationaler Trauertag.

WARNER BROS.

PRESENT

RIN·TIN·TIN

THE WONDER DOG

IN

"A HERO OF THE BIG SNOWS"

WITH

Alice Calhoun

DIRECTED BY **HERMAN RAYMAKER**

STORY AND SCENARIO BY
EWART ADAMSON

THE OTIS
LITHOGRAPH CO.
CLEVELAND
MADE IN U.S.A.
601-2

STYLE "B"

81 _ Robber
Mit Wagner auf der Flucht

Wenige Fotos der Familie Wagner kommen ohne Hunde aus. Richard Wagner besaß zeit seines Lebens viele verschiedene Typen und Rassen: kleine und große, dunkle und helle, von den Zwergpudeln Speck und Dreck bis zum Labrador Pohl, von den Spaniels Fips und Peps bis zu den Neufundländern Robber und Russ.

Der berühmteste von allen war Peps, der, laut Wagner, auf dem Hocker des Meisters saß, wenn dieser Klavier spielte, und der Erste war, an dessen kritischen Ohren sich seine Musik messen musste. Bekannt ist aber auch Russ, der zusammen mit Wagner beerdigt wurde.

Hier wollen wir jedoch von Robber berichten, der die Wege des Komponisten kreuzte, als dieser gerade zum Orchesterdirigenten in Riga bestellt worden war. Der Hund, der in einem Lagerhaus der Stadt lebte, verliebte sich gleich in Wagner und wartete tagelang an seiner Türschwelle, als dieser fern von Riga weilte. Wagner zeigte sich davon so gerührt, dass er schrieb: »Ich schwöre, dass ich ihn nie wegschicken werde.«

Er sollte sein Versprechen halten. Als er kurze Zeit später von schweren Geldsorgen geplagt (er war hoch verschuldet, und sein Pass war eingezogen worden) gemeinsam mit seiner Frau Minna von Riga nach Paris flüchtete, kam Robber mit ihnen, lief heldenhaft bis zur Grenze nach Preußen neben der Kutsche her und hielt beim heimlichen Grenzübertritt mit den beiden mucksmäuschenstill den Atem an.

Doch die Geschichte geht noch weiter: Um zur französischen Hauptstadt zu gelangen, wählt Wagner den Weg über London. Auf dem Schiff nach England gerät das Trio in einen Sturm, sodass Hunde und Menschen in die Kapitänskajüte gebeten werden, wo sie mit Brandy bei Laune gehalten werden. Der arme Robber bellt und erbricht sich. Und in diesem Chaos hat Wagner die Eingebung für den »Fliegenden Holländer«. Die Freundschaft der beiden endet ziemlich unerwartet: In Paris angekommen, läuft ihm der Neufundländer doch glatt davon. Wagner sieht ihn einige Monate später zufällig wieder und folgt ihm. Robber aber wirft ihm aus der Ferne nur einen melancholischen Blick zu und entschwindet für immer.

82___Rocky
Zeitgenössische Kunst nach Hundemaß

Hunde als Polizisten, Therapeuten oder Lehrer sind Schnee von gestern. Heute wollen Vierbeiner ihr Talent als Kunstkritiker beweisen, und mindestens einem von ihnen ist dies bereits gelungen.

Sein Name: Rocky, und er hat das Glück, in New York zu leben, wo es an Ausstellungen und Kunstevents nicht mangelt. Er kann vor allem auf die Unterstützung seiner Ziehmutter Jessica Dawson zählen, die wohl nicht zufällig von Beruf Kunstkritikerin ist. Sie war die Erste, der auffiel, dass Rocky – ein sympathischer Morkie, eine Mischung aus Malteser und Yorkshire Terrier – bei ihren gemeinsamen Besuchen in Galerien einen sehr ausgeprägten Kunstgeschmack an den Tag legte. Natürlich hat der kleine Fiffi keine Diplome oder Promotionen vorzuweisen, und Empfehlungen von einschlägigen Fachzeitschriften wie »Artforum« sind ihm ziemlich schnuppe. Aber dieses Manko wird durch seine Wertschätzung der Werke von Dan Flavin oder Joseph Beuys und durch die Äußerung nonverbaler, dabei aber nicht weniger beißender Urteile über beim menschlichen Publikum beliebte Künstler wie Raymond Pettibon mehr als aufgewogen.

Ist Rocky nur eine krasse Ausnahmeerscheinung oder nicht vielmehr ein Pionier einer neuen Hundeschule, die ihre Ansichten zu den neuesten Kunsttrends herausbellt? Jessica Dawson hat keine Zweifel: Allein in den USA gibt es 78 Millionen kulturbegierige Hunde. An sie müssten sich die Künstler von heute wenden, um endlich eine neue Formensprache zu finden. Um darzulegen, dass es sich dabei nicht nur um Theorie handelt, hat die Kritiker-Unternehmerin, natürlich zusammen mit Rocky, 2017 im New Yorker Brookfield Place die erste Ausgabe der dOGUMENTA eingeweiht, eine eigens für Vierbeiner konzipierte Ausstellung. Zu den ausgestellten Werken zählten »The Hand That Feeds« von Noah Scalin, eine Hommage im Rothko-Stil an James Spratt, den Erfinder der Hundekuchen, sowie »Harmony« von Eric Hibit, eine abstrakte Skulptur in Blau und Gelb, die einzigen für Hunde wahrnehmbaren Farben.

83 __ Roselle
Ein Blindenhund in der Hölle des 11. September

Wie jeden Morgen schlief die Blindenhündin Roselle von Michael Hingson auch am 11. September 2001 unter dem Schreibtisch im 78. Stockwerk der Zwillingstürme des World Trade Centers, wo ihr Herrchen arbeitete. Um 8:46 Uhr wurde sie von einem Knall geweckt. Sie weiß nicht, dass 15 Stockwerke über ihnen ein Flugzeug in den Turm gerauscht ist. Nach wenigen Sekunden ist die Luft von Rauch, Geschrei und Angst erfüllt.

Die Haupttugend eines Führerhundes ist es, Ruhe zu bewahren, in unerwarteten Situationen besonnen zu reagieren. Roselle wird ihrer Rolle mehr als gerecht: Scheinbar unbeeindruckt vom Getöse um sie herum begleitet sie Michael zur Treppe B, die zum Gebäudeausgang führt. Noch trennen sie 1.463 Treppenstufen vom Erdgeschoss, ein unermesslich langer Abstieg, den sie zusammen mit rund 30 anderen Personen unternehmen. Alle sind sich gewiss, dass dieser Hund sie in Sicherheit bringen wird. Auf der Hälfte des Weges begegnet die Gruppe Feuerwehrleuten, die zur Löschung des Brandes die Treppen hinaufeilen. Einige machen halt, um den Hund zu streicheln, was er mit einem Gruß erwidert. »Die letzte liebevolle Geste, die diese Männer in ihrem Leben erfahren sollten«, schrieb Hingson später.

Stufen über Stufen. Die Gruppe ist gerade aus der Tür gekommen, als nebenan der Turm 2 einstürzt. Splitter aller Art fliegen umher, aber Roselle zeigt sich unbeirrt. Sie wartet das Ende des Schuttregens ab und führt Michael in die Sicherheit eines U-Bahnhofs.

Stunden später kehren sie nach Hause zurück. Jetzt kann Roselle sich endlich entspannen und spielt mit dem anderen Hund der Familie, Linnie, als wäre dies ein ganz normaler Tag. Für ihr Herrchen sieht es anders aus, für ihn ist es eine Zäsur: Aufbauend auf den Heldentaten von Roselle schreibt er einen Bestseller, »Thunder Dog«, kündigt seinen Job als Computervertreter, wird Leiter des Vereins »Guide Dogs for the Blind« und Gast in vielen Talkshows. Natürlich ist Roselle immer an seiner Seite, die sich für die Komplimente und Ehrungen artig bedankt, ohne Allüren zu entwickeln. Eben wie ein echter Blindenhund.

84_Ruby

Eine Gemüsediät für den Allergikerhund

Den Nachrichten der Zeitungen im Sommerloch, die Minischlagzeilen zu Scoops von Weltformat aufbauschen, sollte man nicht trauen. Als daher die britische Zeitung »Daily Mail« im Juli 2014 mit der Schlagzeile aufmachte: »Das ist Ruby, ein Labrador mit einer Allergie gegen das Hundesein«, zogen natürlich viele Leser skeptisch die Augenbrauen hoch.

Aber eigentlich leidet die schwarze Hündin aus dem schottischen Edinburgh unter einem recht häufigen Phänomen, das genau deshalb erzählt zu werden verdient.

In den ersten anderthalb Jahren war Ruby nach Auskunft ihres Frauchens Karen Stanfield ein ganz normaler Welpe voller Lebenslust und Appetit. Aber mit 18 Monaten veränderte sie sich: »Sie kratzte sich, spielte nicht mehr und hatte keinen Spaß an unseren Spaziergängen«, sagt Karen, die auch bemerkte, dass der Hund sein Fressen nicht mehr richtig verdaute. Im Laufe weniger Wochen nahm die arme Ruby etliche Kilos ab. »Anfangs dachte ich an eine Infektion, aber die Behandlung blieb wirkungslos oder war sogar schädlich, denn das Tier sah immer ausgemergelter und ungepflegter aus.«

Ein Test löste das Rätsel: eine vollständige Unverträglichkeit von Fleisch, Milchprodukten, verschiedenen Kräuterarten und Staubmilben – eine Allergie also, wie sie auch Millionen von Menschen haben. Dieser Befund bedeutete eine drastische Veränderung im Leben des Labradors, der von einem Tag auf den anderen nolens volens zum Veganer wurde und sich häufigen und radikalen Reinigungen seines Fells ausgesetzt sah, in dem sich schädliche Gräser ansiedeln konnten.

Ein Fall wie Ruby ist nach Meinung von Experten immer häufiger bei Vierbeinern zu beobachten, denn das Leben von Menschen und Hunden bewegt sich (leider) immer im Gleichschritt.

Aber auch unabhängig von einer Allergie werden immer mehr Hunde rein pflanzlich ernährt. Studien zeigen, dass vegane Hundeernährung ohne gesundheitliche Probleme möglich ist. Es geht ihnen bei einem abwechslungsreichen Speiseplan sogar besser als den Kollegen, die konventionelles Futter aus Massentierhaltung bekommen.

85 _ Saihu
Ein Hund opfert sein Leben

Die Beweise, dass die Geschichte von Saihu sich wirklich zugetragen hat, sind eher spärlich: ein paar Artikel, einige Fotos, auf denen man die von gerührten Menschen umgebene Statue eines Hundes erkennt. Zu wenig, um sicher zu sein, dass es sich nicht um eine Großstadtlegende handelt. Zumal man als Mensch nur schwer die tief sitzende Vorstellung überwinden kann, dass Tiere, und seien sie auch noch so intelligent, kaum ein Bewusstsein für die Zukunft haben. Weshalb sollte sich daher eines von ihnen aufopfern, um das Leben anderer zu retten? Aber können wir gleichzeitig ausschließen, dass ein Hund diese Sensibilität, diese Entschlossenheit in sich birgt?

Hier also die Geschichte, wie sie im Netz kursiert. Wir befinden uns in Jiujiang, einer Stadt in Südchina. An diesem 28. November 2003 ist ein Koch dabei, Mahlzeiten für eine 30-köpfige Gruppe von Fahrschullehrern zu kochen. Der Geruch des im Topf schmorenden Fleisches verbreitet sich in der Umgebung. Schon bald kommen einige Welpen angeschlichen, gefolgt von der Mutter namens Saihu (was übersetzt »pfeilschneller Tiger« bedeutet, ein Name, der auf einen erfolgreichen chinesischen Film der 1980er Jahre rekurriert). Der Koch lässt sich erweichen, nimmt einige Fleischstücke und wirft sie den Hündchen hin, aber Saihu stellt sich ihnen mit lautem Bellen in den Weg, sodass die Welpen erschreckt innehalten.

Dem Koch ist das Ganze nicht groß aufgefallen, denn es ist Mittagszeit, und die Kunden sind gerade angekommen. Saihu aber hört nicht auf zu bellen, im Gegenteil, sie brüllt jetzt aus voller Kehle und rennt hin und her, wie um sich zu vergewissern, dass niemand vom Fleisch isst. Alle schauen sie an, schütteln die Köpfe. Was will dieser Hund bloß? Und zwischenzeitlich tunken einige bereits die Stäbchen ins Essen. Aber noch bevor die Fleischstücke an den Mund geführt werden können, hat Saihu schon eines geschnappt und krümmt sich sofort mit Schaum vor dem Mund am Boden. Kurze Zeit später ist sie tot.

Heute erinnert ein Denkmal an ihren Opferdienst. An dessen Einweihung auf dem städtischen Friedhof haben angeblich Hunderte von Menschen teilgenommen.

86 __ Saucisse

Ein Dackel als Bürgermeisterkandidat für Marseille

Überall in der Welt sind Hunde begeisterte Besucher von öffentlichen Parks. Und jeder Hundebesitzer ist zutiefst davon überzeugt, dass eine baumbestandene Allee durch viele wedelnde Schwänze und tapsende Pfoten noch schöner wirkt. Die enge Beziehung zwischen Hunden und städtischen Grünflächen scheint aber bisher von der Politik nicht ausreichend honoriert worden zu sein, sodass die Initiative, einen kleinen Park in Marseille auf den Namen einer vierbeinigen Berühmtheit der Stadt, den Dackel Saucisse, zu taufen, sehr ehrenwert ist. Dieser Hund war nämlich immerhin im Jahr 2001 Kandidat bei den Kommunalwahlen und belegte mit 4,5 Prozent der Stimmen einen respektablen sechsten Platz.

Unweit des Bahnhofs Saint-Charles, zwischen Boulevard Montricher und Rue Stéphan gelegen, prangt über dem Eingang des Parks eine stolze Tafel für den *chien* Saucisse mit seinem Namen und der Silhouette des Dackels, der nach seinem politischen Abenteuer auch in der sechsten Staffel von »Secret Story« mitwirkte, eine Art Big Brother auf Französisch. Definitiv also ein Celebrity.

All dies ist das Verdienst – oder geht auf die Kappe – seines Mentors Serge Scotto, einem außerhalb von Marseille wenig bekannten Schriftsteller, aber großem Kommunikationstalent, vor allem als Sprecher von Saucisse: Er war es, jedenfalls nach seiner eigenen Darstellung, der den Dackel adoptierte, nachdem ihn die »Société Protectrice des Animaux« aus dem Kampfhundmilieu befreit hatte, ihm den heute illustren Namen verlieh und ihn zum Protagonisten von Artikeln und Büchern machte. Und Scotto brachte ihn auch ins Fernsehen, auf Cocktailabende und in die feinen Salons, unterstützte ihn als Bürgermeisterkandidat und später als künftigen Präsidenten der Republik (er verpasste es freilich, die dafür notwendigen 500 Unterschriften zu sammeln).

Über viele Jahre hinweg waren sie unzertrennlich. Am 22. November 2014 ist Saucisse gestorben, und Scotto ist allein geblieben. Aber wir können uns vorstellen, dass er manchmal zum kleinen, seinem Freund gewidmeten Park flaniert und an die glücklichen gemeinsamen Tage denkt.

87 _ Saur
Ein gekröntes Hundehaupt

Vom römischen Kaiser Caligula weiß man, dass er sein Pferd Incitatus zum Senator machen wollte (auch wenn die Historiker uns belehren, dass der skurrile Kaiser es dabei bewenden ließ, die Nominierung des Tieres zum Konsul nur anzudeuten, und vor der offiziellen Einsetzung ermordet wurde). Weniger bekannt ist die Herrschaft des Hundes Saur, der vor dem Jahr 1000 den norwegischen Thron innehatte. Da wir uns hier noch im vagen Reich der Legenden bewegen, ist natürlich Vorsicht geboten, aber die Vorstellung eines Hundekönigs ist zu schön, um sie nicht in einer der vielfältigen skandinavischen Fassungen zu erzählen.

In jenen dunklen Jahrhunderten scheint Norwegen von dauernden Konflikten erschüttert worden zu sein. Eine der Kriegsparteien war der König von Oppland, Eysteinn, der nach Eroberung der Stadt Trondheim seinen Sohn Onund mit ihrer Regierung beauftragte. Schon bald jedoch lehnte sich die Bevölkerung auf und schlug den jungen Fürsten tot. Der Zorn von Eysteinn war so gewaltig, dass er nach der Wiedereroberung der Stadt die Bewohner vor die Wahl stellte, ob sie künftig von einem Sklaven oder seinem Hund Saur beherrscht werden wollten (Saur oder auch Saurr bedeutet in den alten nordischen Sprachen »Exkremente«, womit der König seinem Abscheu gegenüber den Rebellen Ausdruck verlieh).

Die Bürger von Trondheim optierten für den Hund, weil sie natürlich davon ausgingen, er wäre leichter zu beeinflussen oder gar zu meucheln. Drei Jahre lang wurde der pelzige Monarch, dem man die Weisheit von drei Männern nachsagte, in allen Ehren gehalten: Ihm standen ein goldenes Halsband, ein prunkvolles Gemach und eine stattliche Anzahl von Kurtisanen zur Verfügung, die ihn in den Arm nahmen, wenn der Boden schneebedeckt war, damit die königlichen Pfoten nicht frören. Er unterzeichnete auch eine ganze Reihe von Erlassen, manche sagen, mit dem Abdruck seiner Pfote, andere, mit einer Feder und der gütigen Mithilfe eines Lakaien. Er starb schließlich heldenhaft im Kampf gegen einen oder mehrere Wölfe, angeblich um einem Lämmchen beizustehen.

88__Scooby Doo
Eine Dogge als Angsthase

Das Erfolgsrezept von »Scooby-Doo«? Eine ausgewogene Mischung aus Gelächter und Angst, zumindest laut dem amerikanischen Fernsehproduzenten Fred Silverman, der Ende der 1960er Jahre die Cartoonserie des Zeichentrickstudios Hanna-Barbera erfand und beschloss, dass die zentrale Hauptfigur nur einer sein konnte, die Dänische Dogge mit Sprachfehler. »Als ich klein war«, erzählte Silverman einst, »war ich verrückt nach Filmen wie ›Abbott und Costello treffen Frankenstein‹, in dem die Komiker Abbott und Costello klassischen Figuren des Horrorgenres begegnen, und diese Atmosphäre habe ich wiederzugeben versucht.«

Wie bei zünftigen Komikerduos wie Abbott und Costello oder Laurel und Hardy üblich sind der Junge Shaggy und die sprechende Dogge Scooby sehr unterschiedlich, allein schon durch die Tatsache, dass der eine ein Mensch, der andere ein Hund ist, auch wenn Letzterer freilich auch zum Zweibeiner mutieren kann und über einen opponierbaren Daumen verfügt. Im Grunde ähneln sich beide aber, sie sind unordentlich und unbeschwert, immer hungrig und furchtbare Angsthasen: Ihre halsbrecherischen Fluchten sind ein Running Gag in allen Folgen der Serie und liefern fast immer das erzählerische Mittel, das es den unwahrscheinlichen Helden ermöglicht, ihren Widersachern eins auszuwischen.

Bei »Scooby-Doo« dreht sich also alles um Gegensätze, die schiere Größe des riesenhaften Scooby steht in keiner Relation zu seinem Mut. Als chronischer Hasenfuß sucht er in gefährlichen Situationen stets winzige Verstecke, die seine Abmessungen nicht verdecken, während sein Neffe Scrappy, der seit 1979 an seiner Seite ist, immer wieder Ärger mit dem Kampfruf »Alle Macht den Kleinen« macht.

Zu dieser Philosophie der Gegensätze passt auch, dass der mit der Zeichnung von Scooby-Doo beauftragte Animator Iwao Takamoto versucht hat, sich vom ästhetischen Kanon der Doggen so weit wie möglich abzugrenzen: Mit seinem fliehenden Kinn, den schiefen Pfoten, dem Rundrücken und den schwarzen Punkten hätte Scooby bei Schönheitswettbewerben nicht den Hauch einer Chance.

89___Snoopy

Fliegerass, Romanschriftsteller und Beagle

Sein Slogan war schlicht »Paw Power«, »Alle Macht den Pfoten«, und sein politisches Programm umfasste drei Punkte: »Pizza auf jedem Tisch«, »Bundeszuschüsse für das Surfen« und »Glückseligkeit für alle« – Forderungen, die auch im turbulenten Jahr 1968 geteilt wurden.

Als inoffizieller Kandidat für die Präsidentschaft der USA wurde Snoopy, wie wir wissen, von Richard Nixon geschlagen, aber trotz seiner Wahlschlappe ist er der beliebteste Beagle der Geschichte geblieben, der Einzige unter den Vier- und vielleicht auch Zweibeinern, der sich rühmen kann, dass eine Mondlandefähre sowie ein Delta des Mekong-Flusses nach ihm benannt wurden.

Sein Geburtstag ist der 4. Oktober 1950, als er zum ersten Mal in den Comicstrips der »Peanuts« von Charles Schulz auftrat, die nur zwei Tage zuvor in neun amerikanischen Zeitungen gestartet waren, von der »Washington Post« bis zum »Boston Globe«. Kaum einen Monat später begann der Beagle sich Snoopy zu nennen (Schulz hatte auch an Spike gedacht, taufte aber einen von Snoopys Brüdern, einen ausgemergelten Wüstenbewohner, auf diesen Namen). Insgesamt sollten jedoch noch zwei Jahre vergehen, bis Snoopy seine Gedanken in Sprechblasen artikulieren durfte, und erst seit dem 9. Januar 1956 geht er aufrecht und verhält sich nur noch selten so, wie es ein Hund tun sollte.

Seitdem hat er unzählige – wahre oder imaginierte – Abenteuer erlebt: Er war Baseballspieler, angehender Schriftsteller (»Es war eine dunkle und stürmische Nacht …«) und Fliegerass im Ersten Weltkrieg an Bord einer Sopwith Camel – die in Wirklichkeit seine Hütte war, in der er nie schläft – lieber liegt er ausgestreckt auf dem Dach, zusammen mit seinem treuen Freund, dem Vögelchen Woodstock –, die aber unter anderem einen Billardtisch sowie Kostbarkeiten wie einen echten van Gogh enthält. Dieser ist jedoch einem Brand zum Opfer gefallen.

Das Zeug zum Weißen Haus hätte Snoopy also ohne Weiteres gehabt.

90 __ Snuppy
Der erste Klonhund der Geschichte

Die Nachricht vom Tode Snuppys erreichte die Öffentlichkeit am 13. März 2016, aber eigentlich war der erste Klonhund der Geschichte schon im Mai 2015 aus dem Leben geschieden, allerdings hatten nur wenige Zeitungen dem Ereignis überhaupt einen Platz eingeräumt. Das sah zehn Jahre zuvor noch ganz anders aus, als die Geburt von Snuppy überall auf den Titelblättern großer Medienhäuser von Kritikern und Forschern als historischer Meilenstein gefeiert wurde. Keinem Hund war bis dato eine solche Wertschätzung widerfahren, aber es war eben vor ihm auch noch kein Hund geklont worden.

An der Schöpfung des Hundes federführend beteiligt war der Forscher Hwang Woo-suk. Snuppy ist die Abkürzung von »Seoul National University Puppy«, Letzteres ist das englische Wort für »Welpe«. Der koreanische Wissenschaftler stand später massiv in der Kritik, weil er angeblich die Resultate einiger Forschungsreihen gefälscht hatte, sodass auch Snuppy in den Verdacht geriet, gar kein echter Klonhund zu sein. Allerdings haben Prüfungen ergeben, dass seine Geburt tatsächlich durch den Nukleustransfer einer somatischen Zelle bewerkstelligt wurde. Dieselbe Methode wurde 1996 für das Schaf Dolly und später für andere Säugetiere, von Katzen über Mäuse bis hin zu Schweinen, verwendet.

Bei Hunden schien sich die Sache schwieriger zu gestalten: Alle Versuche, die Eizellen der Hunde im Labor reifen zu lassen, waren bis dahin gescheitert. Aber nach drei Jahren Arbeit gelang es Hwang, den Nukleus einer Hautzelle aus dem Ohr eines afghanischen Windhundes zu extrahieren, ihn in eine von ihrem genetischen Material befreite Eizelle zu übertragen und schließlich die Schwangerschaft der Ersatzmutter, eines Labrador-Retrievers, erfolgreich abzuschließen, sodass Snuppy am 24. April 2005 geboren wurde.

Die Fotos des Hundes, der als Kopie im Miniformat identisch mit seinem Windhund-Original war, gingen um die ganze Welt. Dann geriet Snuppy in Vergessenheit. Das Klonen, damals noch als Technologie der Zukunft bezeichnet, macht heute keine Schlagzeilen mehr, auch wenn die Zweifel an seinen möglichen Einsatzbereichen bleiben.

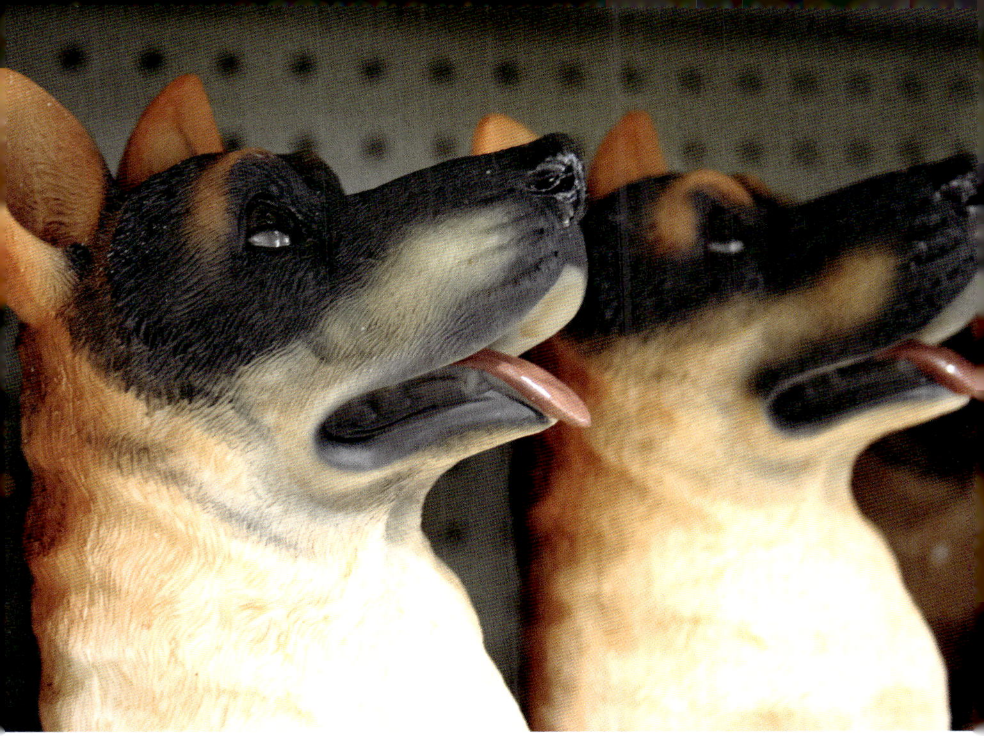

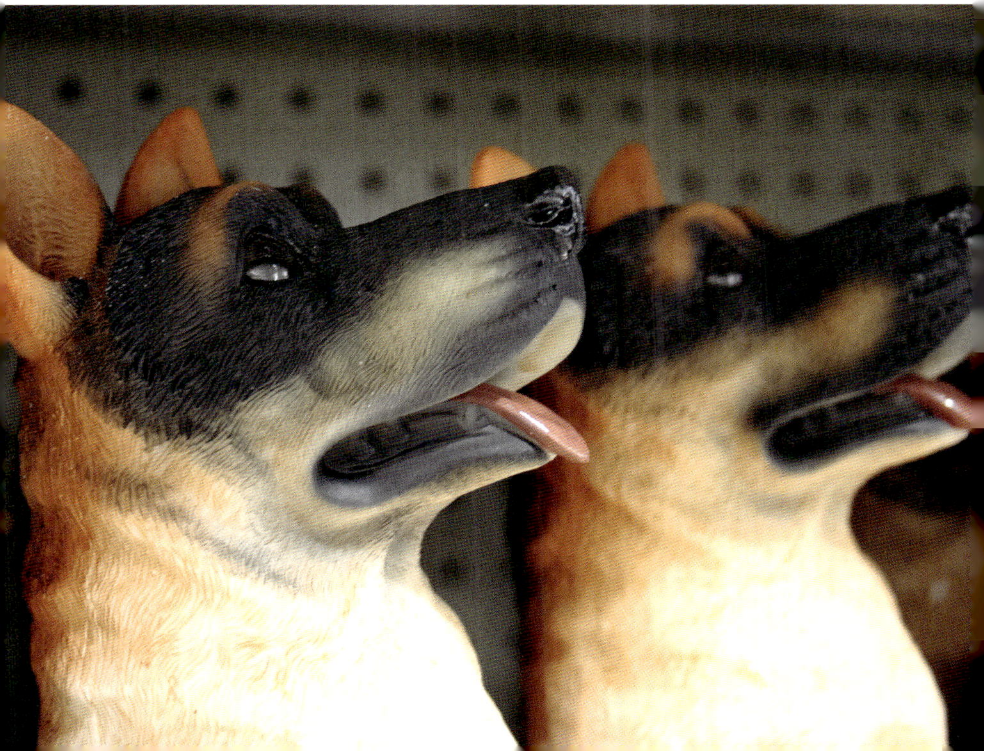

91_Strolch

Der berühmteste Streuner aus dem Hause Disney

Bei Disney nannten sie ihn Homer, Rags und Bozo, bevor man sich endlich auf Tramp einigte. Auch im Deutschen ist Strolch der perfekte Gegensatz zur feinen Susi (im Englischen heißt sie Lady), mit der zusammen er in »Susi und Strolch« (im Original »Lady and the Tramp«), einem der großen Klassiker der amerikanischen Trickfilmgeschichte, auftritt, der 1955 als erster Animationsfilm komplett in Cinemascope gedreht wurde.

Vor seiner Ausstrahlung war dem Film jedoch ein langer und beschwerlicher Entstehungsprozess beschieden. Die Idee zum Film hatte Joe Grant, einer der wichtigsten Drehbuchschreiber Disneys, bereits 20 Jahre zuvor, als er sah, wie seine Hündin reagierte, als ein menschliches Baby sie aus ihrer Rolle als Liebling des Hauses verdrängte.

Walt Disney gefiel die Idee von Grant, aber die Handlung, die gänzlich auf den weiblichen Part fokussiert war, erschien ihm zu karg und ohne Zündstoff. Die Lösung dieses Problems fand er selbst Anfang der 1940er Jahre, als er zufällig in der Zeitschrift Cosmopolitan die Erzählung von Ward Greene, »Happy Dan, the Whistling Dog«, las, deren Held ein gewitzter und unternehmungslustiger Hund ist. Susi (oder Lady) wusste es noch nicht, aber Disney hatte ihren zukünftigen Partner gefunden, den Strolch, der ihr das Leben ohne Herrchen zeigen sollte.

Zum Symbol für diese abenteuerliche Existenz, die so anders war als das Leben der behüteten und ruhigen Hundedame, wurde die Szene, in der Strolch als echter Verführer ein italienisches Abendessen im Kerzenschein mit dem berühmten »Spaghettikuss« abschließt – eine Szene, die übrigens fast nicht gedreht wurde. Disney war nämlich überzeugt, dass zwei Hunde vor einem Teller Spaghetti sich nicht romantisch genug ausnehmen würden, und hatte darum gebeten, diese Szene in der Bearbeitungsphase herauszunehmen. Der Zeichner Frank Thomas jedoch zeigte sich beharrlich und zeichnete sie dennoch. Zum Glück für Disney und die ganze Welt.

92__Stubby

Eine Waise im Schützengraben

Nein, eine Schönheit war dieser kleine, rundliche Hund mit seinem Fell in den Farben der Promenadenmischung nicht. Aber er hatte den Mut eines Löwen – eines Löwen im Gewand eines Hundes – und stellte diesen in den französischen Schützengräben des Ersten Weltkriegs unter Beweis. Als er Ende 1918 in die USA zurückkehrte, trug Stubby eine eigens für ihn geschneiderte Uniform und eine ganze Menge Orden, mit denen er der höchstdekorierte Hund der US-amerikanischen Geschichte wurde. Nicht schlecht für einen Vierbeiner, der sich anderthalb Jahre zuvor noch als Straßenhund durchschlagen musste und zufällig in die Übungen des 102. Infanterieregiments auf dem Campus der Universität Yale geriet.

Einer der Soldaten, Feldwebel Robert Conroy, fühlte sich diesem einem Fässchen ähnelnden Hund sofort zugeneigt und schmuggelte ihn heimlich auf das Schiff, das ihn zum Krieg jenseits des Ozeans bringen sollte. Am Ende wurde das Tier natürlich entdeckt, aber der schlitzohrige Conroy hatte dem Hund anscheinend bereits den militärischen Gruß beigebracht, sodass Stubby ins Heer aufgenommen wurde.

Seine Feuertaufe erlebte er am 5. Februar 1918, und was für eine! Sein Regiment war seit über einem Monat ständigen Attacken der Deutschen ausgesetzt. Wenig später wurde Stubby durch Granaten verletzt und in die Etappe geschickt, kehrte aber bald an die Front zurück und zeigte erneut, aus welchem Holz er geschnitzt war: Nach einem überstandenen Senfgas-Angriff erhielt er eine auf seine Schnauzenform zugeschnittene Gasmaske und lernte, den Gasgeruch rechtzeitig zu erkennen und die Truppe zu warnen.

Es gelang ihm sogar, einen deutschen Spion und dingfest zu machen, sodass er zum Sergeanten ernannt wurde, auch wenn einige Historiker bezweifeln, ob Stubby überhaupt Mitglied des Heeres gewesen ist. Kein Zweifel besteht aber an den Ehrungen, die Stubby nach Kriegsende zuteilwurden: Die amerikanische Öffentlichkeit erfuhr entzückt, dass der Hund von drei Präsidenten empfangen und ihm eine Goldmedaille verliehen worden war. Er starb 1926, und die »New York Times« widmete ihm einen halbseitigen Nachruf.

93__ Susan

Matriarchin und Hofdame der Königin

Zu ihrem 18. Geburtstag am 21. April 1944 erhielt ein Mädchen namens Elizabeth vom Vater eine Welpin zum Geschenk, die auf den Namen Susan getauft wurde. Wenn Ihnen das banal vorkommt, sollten Sie wissen, dass das Mädchen viele Jahre später als am längsten amtierende Monarchin Großbritanniens in die Geschichtsbücher eingegangen ist.

Und Susan? Die Geschichtsbücher erwähnen sie nicht, aber einige Glanzlichter konnte sie verbuchen: Nicht viele Vierbeiner können von sich behaupten, ein königliches Paar in die Flitterwochen begleitet zu haben. Denn Elizabeth war der Hundedame so zugetan, dass sie sie unter einigen Decken in der offenen Kutsche versteckte, die die soeben vermählte zukünftige Königin und Prinz Philip 1947 durch London fuhr, um ihren Honeymoon in Hampshire mit Susan zu begehen.

Es gibt wohl auch nicht viele Hunde, deren Grabmal von einer Königin gestaltet wurde. 1959, als Susan starb, fand Elizabeth unter den vielen monarchischen Pflichten noch die Zeit, eine Skizze des Monuments anzufertigen und einige Zeilen für die Hundedame zu verfassen, die »fast 15 Jahre lang treue Gefährtin der Königin gewesen ist«.

Von ihrer Warte im Hundeparadies aus könnte sich Susan aber auch rühmen, eine einflussreiche Matriarchin gewesen zu sein: Über 30 Corgis und Dorgis (eine Kreuzung aus Corgi und Dackel, die vermutlich von Elizabeth selbst initiiert wurde) stammen von ihr ab, die über ein halbes Jahrhundert Buckingham Palace, Schloss Windsor und andere königliche Residenzen bevölkerten. Darunter Persönlichkeiten wie Monty, Willow und Holly, die 2012 bei der Eröffnung der Olympischen Spiele in London mit James Bond zusammen zu sehen waren.

Der Wahrheit zuliebe berichten die Biografen Susans auch davon, dass sie als Wadenbeißerin bekannt war und zwei Polizisten, ein Detective und der königliche Uhrensteller ihr Opfer wurden. Aber darüber können wir hinwegsehen. Nobody's perfect.

94_Tago

Zwei Jahrhunderte am Fenster

Mehr als 200 Jahre lang, von 1777 bis 2008, konnten Besucher am Bologneser Palazzo De' Buoi in der Via Oberdan 24 in einem Fensterchen des obersten Stockwerks einen Hund ausmachen, dessen Schnauze nach unten gerichtet war, als wolle er das Eingangstor im Auge behalten. In ihrer Neugier hätten sie vielleicht nach dem ominösen Tier gefragt und dann diese wahre, traurige und anrührende Geschichte erzählt bekommen.

In der zweiten Hälfte des 18. Jahrhunderts war der schöne Weimaraner namens Tago der getreue Gefährte des Marchese Tommaso Bovi. Mensch und Tier verbrachten viel Zeit miteinander, die in der Wahrnehmung der Hunde sehr viel länger währt als in unserer. Als der Marchese schließlich zu einer Reise nach London aufbrechen musste, war Tagos Schmerz groß. Jeden Tag erwartete er sehnlichst seine Rückkehr, und als schließlich das Geräusch einer Kutsche im Hof zu hören war, war seine Freude am Höhepunkt. Dort oben im letzten Stockwerk stand der Hund am Fenster, bellend, aufgeregt und von der Sehnsucht getrieben, sein Herrchen zu begrüßen. Dabei verlor er das Gleichgewicht, fiel aus dem Fenster und starb vor den Augen des entsetzten Bovi.

Der Marchese befahl, das Fensterchen zum Zeichen der Trauer zuzumauern. Zuvor beauftragte er aber einen damals berühmten Künstler, Luigi Acquisti, eine Terrakotta-Skulptur seines Tago anzufertigen und sie dort aufzustellen, wo er ihn das letzte Mal lebend gesehen hatte.

Über die Jahrhunderte überlagerten Staub und Schutt die Statue, sodass 2008 ihre Sanierung in Auftrag gegeben wurde. So wurde der Terrakotta-Tago aus seiner Nische genommen, in der er Jahrhunderte gestanden hatte, und dem Restaurierungslabor des Archäologischen Museums übergeben, das seine Oberfläche säuberte, die ursprünglichen Farben wiederherstellte und auch den Namen des Hundes auf seinem Kissen wieder lesbar machte. Heute ist die Skulptur in der Städtischen Kunstsammlung im Palazzo d'Accursio mit einer entsprechenden Legende zu sehen. Aber viele ältere Bologneser heben noch den Kopf, wenn sie die Via Oberdan entlangflanieren.

95___Target

Das traurige Ende einer Heldin

Target stammt aus einem Kriegsgebiet, dem Bezirk Dand Aw Patan in Ostafghanistan. An den Krieg hat sie sich längst gewöhnt. Sie ist eine Straßenhündin und schlägt sich durch, bis amerikanische Soldaten, die in der Gegend stationiert sind, sie bei sich aufnehmen, ihr jeden Tag zu fressen geben und sie auf den Namen taufen, unter dem sie berühmt wird.

Für sie und zwei andere Hunde, Rufus und Sasha, die ebenfalls auf der Straße aufgelesen wurden, ist die Kaserne jetzt ihr Zuhause, der Ort, den sie schützen müssen. Sobald Fremde sich nähern, bellen sie und verweigern ihnen den Zutritt. Dann explodiert eine Bombe im Innenhof, der Attentäter und Sasha sterben, jedoch keiner der amerikanischen Soldaten. Target und Rufus, die bei der Explosion verletzt wurden, werden als Helden gepflegt und behandelt. Anfang 2010 fliegen die beiden ehrenhaft entlassenen Hunde in die Vereinigten Staaten, wo sie in der Fernsehsendung von Oprah Winfrey erscheinen und dann von Soldatenfamilien adoptiert werden. Rufus geht nach Georgia, Target nach Arizona ins Heim von Terry Young, einem Krankenpfleger im Heer, der sie in Afghanistan kennengelernt hat.

Monate vergehen. Target gewöhnt sich langsam an ein Leben, das sich von ihrem gewohnten unterscheidet: andere Essenszeiten, anderer Fressnapf, eine eigens angebrachte Hundeklappe, damit sie ihr Geschäft draußen verrichten kann. Aber sie ist daran gewöhnt, sich frei zu bewegen: Eines Tages überwindet sie das Haustor und macht sich davon. Hundefänger entdecken sie und bringen sie in ein Tierheim. Da sie keine Marke und keinen Mikrochip trägt, wird ihr Foto veröffentlicht und auf den Besitzer gewartet. Meldet sich niemand, wird sie eingeschläfert, so ist das Prozedere.

Sergeant Young findet das Foto online, zahlt die Gebühr und kündigt sein baldiges Erscheinen an, um den Hund abzuholen. Aber leider gibt es eine Verwechslung, und ein Angestellter des Tierheims verpasst dem Hund die tödliche Giftinjektion. Target hatte den Hunger und die Bomben überlebt und fiel nun in der »zivilisierten« Welt einem Gesetz zum Opfer, das das Einschläfern von herrenlosen Hunden vorsieht.

96 _ Taro und Jiro
Zwei Hundebrüder im Eis der Antarktis

Sie waren Brüder aus demselben Wurf. Die Stadt, in der sie im Oktober 1955 geboren wurden, Wakkanai, liegt an der äußersten Nordspitze Japans. Von ihren zwei Ufern sieht man in der Ferne die russische Insel Sachalin, die der Rasse von Taro und Jiro den Namen gegeben hat: Sachalin Husky, auf Japanisch Karafuto-ken, Schlittenhunde, die für das Überleben bei niedrigsten Temperaturen gerüstet sind. So verwundert es nicht, dass die Geschwister zusammen mit elf Forschern und weiteren 13 Hunden ihrer Rasse für die erste japanische Expedition in die Antarktis ausgewählt werden.

Zwölf Monate dauern die Forschungsarbeiten, die im Januar 1957 beginnen, und den Huskys obliegt es, die Schlitten auf den Forschungsausflügen von der Basis in Shōwa aus zu ziehen. Programmgemäß soll Anfang des nächsten Jahres die Ablösung erfolgen, aber ein Sturm im Februar 1958 verhindert das Eintreffen des Eisbrechers »Soya« mit der neuen Mannschaft an Bord.

Die Bergung der menschlichen Mitglieder des ersten Forschungsteams kann zum Glück per Hubschrauber erfolgen. Die Hunde aber werden angeleint und mit Essensrationen für einige Tage versehen. Bei der Rückkehr nach Japan werden die Forscher dafür sehr gescholten, diese rechtfertigen sich damit, dass die Rettung der Huskys den Erfolg der Operation gefährdet hätte.

Ein Jahr später landet die dritte japanische Expedition in der Basis, der sich ein tragisches Bild bietet: Sieben Hunde (Aka, Goro, Pochi, Moku, Kuro, Pesu, Kuma/Monbetsu) sind angekettet verendet, von denen, die sich befreien konnten (Riki, Anko, Deri, Jakku, Shiro, Kuma/Furen), sind sechs gestorben. Die einzigen Überlebenden sind Taro und Jiro, die unweit von Shōwageborgen gefunden werden.

Die Brüder wurden als Helden gefeiert. Jiro blieb in der Basis, Taro kehrte nach Japan zurück. Beide starben Jahre später, ohne Schäden im Eis erlitten zu haben. Ihre ausgestopften Körper sind in zwei Museen in Tokio und Sapporo ausgestellt. Was ihnen in jenen Monaten widerfahren ist, können wir nur erahnen und hoffen, dass sie sich gegenseitig die Kraft zum Weiterleben geschenkt haben.

97 Tillman

Ein pelziger Skateboard-Champion

Jeder Hund hat seinen Lieblingssport. Manche hetzen ihre menschlichen Gefährten beim Ballsport, andere stürzen sich in jede ihnen darbietende Pfütze, einige graben sich tiefe Löcher und scheren sich nicht um die Sand- und Dreckspritzer, die sie dabei ringsherum austeilen. Und dann gibt es Hunde, die auf Skateboards fahren, und zu dieser Gruppe gehört Tillman.

Und nicht nur das, er war der Champion in dieser Disziplin, der 2007 den Guinness-Weltrekord als schnellstes Tier über 100 Meter auf einem Skateboard aufstellte. Er benötigte 19 Sekunden und 678 Millisekunden für diese Strecke. Nur Jumpy war 2013 mit 19 Sekunden und 650 Millisekunden etwas schneller.

Tillman war ein Naturtalent, schwört der Kalifornier Ron Davis, der dem Hund Freund, Trainer und Manager war. Eigentlich war die Englische Bulldogge als Geschenk für Ehefrau Erika ins Haus gekommen, aber als Ron die sportlichen Fähigkeiten des Hundes erkannte, hatten Erika und Reef ihren Ehemann und Vater die längste Zeit gesehen.

Ron und Tillman wurden unzertrennlich, der Zweibeiner trieb den Vierbeiner auf dem Fahrrad neben sich her, gemeinsam gingen sie die Wellen auf dem Surfbrett an und trainierten vor allem mit dem Skateboard.

In dieser Disziplin wurde die Bulldogge immer besser, schneller und wendiger. Am 28. Juni 2008 beschloss Ron, die Welt auf YouTube an den Künsten seines Schützlings teilhaben zu lassen. Der Erfolg war überwältigend und unmittelbar, als hätte die Welt nur auf eine Bulldogge auf einem Skateboard gewartet.

Bald nahm Tillman an einem Werbespot für Apple teil, wurde als Testimonial einer Hundefutterfirma angestellt und kam ins Guinnessbuch der Rekorde.

Als er 2015 das Zeitliche segnete, hatten über 20 Millionen Nutzer das Video gesehen, eine Zahl, die weiter steigt. Verdienst des Skateboards oder jener »27 Kilo und 200 Gramm messenden Kugel«, die ihr Herrchen so liebte?

98 Titina
Eine Vierbeinerin über dem Nordpol

Sie war damals die berühmteste Hündin der Welt, ihr Leben wurde in Tausenden Artikeln erzählt, sie traf die Mächtigen der Welt zusammen mit dem Kommandanten Umberto Nobile, der sie als Gefährtin bei seinen waghalsigen Unternehmungen erwählt hatte. Als er in Ungnade fiel, blieb sie an seiner Seite, wie es nur Tiere vermögen, die sich dem launischen Schicksal der Menschen gegenüber ungerührt zeigen.

Sie war eine Streunerin, als sie Nobile 1925 in den Straßen Roms begegnete, während dieser sich auf seinen ersten Nordpol-Überflug vorbereitete. Um von ihm gestreichelt zu werden oder vielleicht ein wenig Brot zu ergattern, stellte sie sich auf die Hinterbeine. In diesem Moment kam ein Junge vorbei, der einen beliebten Schlager pfiff:

»Io cerco la Titina […] chissà dove sarà« (»Ich suche Titina […] wer weiß, wo sie ist«). Nobile hatte einen Hund und der Hund einen Namen gefunden.

Am 10. April 1926 startete das Luftschiff »Norge« vom römischen Flughafen Ciampino, um nach einigen Zwischenlandungen den Nordpol anzusteuern. Mit an Bord war Titina, die das Fliegen hasste, noch mehr aber das Getrenntsein von Nobile. Nicht alle waren entzückt über ihre Anwesenheit, denn der Platz im Zeppelin war sehr beschränkt, aber der Kommandant ließ nicht mit sich reden, und am 12. Mai überflog Titina in einem warmen roten Pullover den Nordpol. Monate des Triumphs folgten: Nobile und Titina trafen die Königsfamilie Norwegens, den Stummfilmstar Rudolph Valentino und den amerikanischen Präsidenten Coolidge (in dessen Weißem Haus Titina wohl eine gelbliche Pfütze hinterließ).

Entschlossen, den Erfolg der Expedition für sich zu nutzen, ernannte Mussolini Nobile zum General und unterstützte ein neues Unternehmen, aber diesmal stieß das Luftschiff »Italia« mit einem Polgletscher zusammen, und ein Großteil der Besatzung starb. Nobile und Titina konnten sich retten, aber der Kommandant sah sich harter Kritik ausgesetzt, und seine Unschuldsbeteuerungen verhallten ungehört. Den Rest seines Lebens verbrachte er damit, sich zu verteidigen, und wurde schließlich tatsächlich rehabilitiert.

99__Tobey Rimes

Die Geschichte einer Erbschaft, die es nicht gab

Es war einmal eine alte und schwerreiche Dame namens Ella, die mit ihrem Pudel allein in einem Anwesen an der New Yorker Fifth Avenue wohnte. Vor ihrem Tod Anfang der 1930er Jahre verfügte sie, dass ein Teil ihres Vermögens in Höhe von 30 Millionen Dollar dem Hund und seinen Nachfahren zur Verfügung gestellt werde, die seitdem den Namen ihres Mündels, Tobey Rimes, behalten haben. Ihr Wille wurde respektiert, und noch heute lebt in New York ein Pudel namens Tobey Rimes, der genau wie sein Vater, sein Opa und sämtliche Ahnen im Luxus schwelgt.

Leider ist die Geschichte des erbenden Hündchens zu schön, um wahr zu sein, und gehört ins Reich der Großstadtlegenden, die nur durch ihre selbst erzeugten Mysterien (Wie verbringt der Pudel seine Tage? In welcher Begleitung? Was geschieht, wenn es keinen Nachwuchs mehr gibt?) und durch die Behäbigkeit der Medien, die sich nicht die Mühe machen, sie zu überprüfen, am Leben gehalten werden. Mit Ausnahme der Bloggerin Lisa Peterson, die wie ein echter Spürhund die wahre Geschichte von Tobey Rimes zutage gefördert hat.

Es war also einmal eine alte und schwerreiche Dame, Ella Wendel, letzter Spross einer Immobilienfamilie, die zwischen dem 19. und 20. Jahrhundert vermögend geworden war. Sie lebte allein mit ihrem Hund Tobey Rimes, der eine Fülle von Vorfahren hatte, die alle denselben Namen besaßen. Tobey schlief in einem kleinen Bett nahe seinem Frauchen, aß an einem kleinen Tisch im Speisesaal und ging in einem Innenhof neben dem Anwesen Gassi, der nicht verkauft wurde, damit Tobey jederzeit genügend Auslauf hatte.

Als Ella 1931 starb, hinterließ sie ein Vermögen von 100 Millionen Dollar. Viele Anwärter stellten sich ein, aber alle erwiesen sich als Betrüger, und das Geld wurde schließlich für wohltätige Zwecke gespendet. Nicht ein Cent ging an den Pudel, der jedoch eine liebevolle Pflegefamilie fand, zwei Jahre später starb und im Landhaus in Irvington neben den anderen Tobey Rimes bestattet wurde. Mögen sie in Frieden ruhen.

100 __ Toto

Ein Hündchen in der Zauberwelt von Oz

»Toto, ich glaube, wir sind nicht mehr in Kansas.« Als sie aus ihrem grauen und staubigen Dorf in die Zauberwelt von Oz mit ihren herrlich glitzernden Farben katapultiert wird, hat die Hauptperson des berühmten Buches von Frank Baum und des noch berühmteren Films von Victor Fleming, das Mädchen Dorothy Gale, nur ihren treuen Hund, um ihre Verblüffung mitzuteilen.

Zum Glück erweist ihr Toto Zuneigung und Unterstützung, auch wenn er nicht spricht, im Unterschied zu den vielen Tieren, denen das kleine Mädchen auf ihrer Reise begegnen wird. In »Tik-Tok of Oz«, einem der vielen Fortsetzungsromane, die Baum im Gefolge des Erfolgs seines Erstlings schrieb, erfahren wir, dass der Hund eigentlich doch sprechen kann, diese Gabe aber nicht nutzt, zum Beweis seiner starken Persönlichkeit, die durch die geringe Größe und das nicht gerade kämpferische Aussehen des Tieres noch unterstrichen wird.

Die Beschreibung von Baum – »ein schwarzes Hündchen mit langem und seidigem Fell, kleinen schwarzen Augen, die fröhlich an beiden Seiten des komischen Näsleins funkeln« – ist ziemlich genau, aber viele Leser haben sich gefragt, welcher Hunderasse Toto angehört: Er ist ein Terrier, aber welcher? Yorkshire, Boston, Cairn? In der Verfilmung wurde letztere Rasse, genauer eine Hündin namens Terry ausgewählt, die am Set von ihrem Ausbilder Carl Spitz durch ein System von Gesten angeleitet wurde.

Während der Dreharbeiten trat ein Statist auf die Pfote der armen Terry, sodass sie zwei Wochen lang aussetzen musste und übergangsweise durch einen anderen Hund ersetzt wurde, dessen Name nicht überliefert ist. Wir wissen aber, dass Terry ihre Genesungszeit im Haus der Filmprotagonistin, Judy Garland, verbrachte, die sich in den Hund vernarrte und ihn gerne adoptiert hätte. Spitz war jedoch nicht dazu zu bewegen, was wohl auch an der Gage der Hündin lag, die später offiziell auf den Namen Toto getauft wurde. Sie betrug 125 Dollar pro Woche, sehr viel mehr als das, was viele ihrer menschlichen Kollegen bekamen.

101___Treo
Vom Lausbub zum Helden in Afghanistan

Als Welpe muss Treo, ein schwarzer Labrador, unfolgsam und bissig gewesen sein, sodass ihn seine Familie an seinem zweiten Geburtstag dem Heer übergab, wohl in der Annahme, dass man ihm dort Disziplin einimpfen würde. Eine solche Entscheidung mag unmenschlich (oder unhündisch) anmuten, aber sie trug Früchte: Beim Militär wurde Treo zum Vorbildhund und, noch wichtiger, fand einen Freund fürs Leben.

Aber der Reihe nach. Nach seiner Einberufung trat Treo zunächst den Gang aller Vierbeiner im britischen Heer an: Ausbildung im Defence Animal Centre in Leicestershire und Überweisung an eine Kaserne in Nordirland. Hier lernte Treo den Sergeanten Dave Heyhoe kennen. »Wir haben uns angeblickt, und es war Liebe auf den ersten Blick, auch wenn das jetzt ein wenig albern klingt«, sagte Heyhoe später.

Bald brechen die beiden nach Afghanistan auf, wo Treo eine sehr gefährliche Aufgabe übertragen wird. Er muss IEDs (Improvised Explosive Devices) aufspüren, also Sprengkörper aus Ausschussmaterialien, die unter dem Sand versteckt sind, damit Militärangehörige oder Zivilisten sie zum Auslösen bringen.

Man kann unmöglich sagen, wie viele Leben Treo durch seine Arbeit gerettet hat, aber mit Sicherheit hat er in diesem Bereich ein eindrucksvolles Talent bewiesen (»ein lebender Metalldetektor«, so Heyhoe) und geholfen, viele IEDs zu entschärfen, die sonst etliche Menschen das Leben gekostet hätten. 2010 wurde dem ehemaligen Filou die Dickin Medal verliehen, eine seit 1943 von der britischen Regierung vergebene Auszeichnung für Tiere, die sich im Krieg bewährt haben.

Für Treo war es Zeit, sich auf seinem Altenteil auszuruhen. Seine letzten Lebensjahre verbrachte er in England mit Dave und seiner Familie, behütet und geliebt, wie es jedem Hund, ob Held oder nicht, gebührt. Als er 2015 mit 14 Jahren starb, ließ sich Sergeant Heyhoe den Abdruck der Pfote seines Gefährten auf den Arm tätowieren: »So lebt er an meiner Seite fort.«

102 __ Tulea

Die lange Reise von Madagaskar nach Hollywood

Jane Fonda, Barbra Streisand, Glenn Close und Catherine Zeta-Jones gehören zu den Mitgliedern des renommierten Coton Clubs. Nein, kein Druckfehler, es geht nicht um die Reinkarnation des Lokals, das in den 20er und 30er Jahren in New York berühmt war. Den vier Schauspielerinnen und mit ihnen Abertausenden Menschen aus allen Kontinenten ist ihre Liebe zu den Coton von Tuléar gemein, weißen und sehr haarigen Hündchen, die aus Madagaskar stammen.

Ihr bisher größter Fan ist Jane Fonda, die von ihrer Tulea sagte: »Sie ist meine Seelenfreundin, meine Vertraute, meine lebendige Schmusedecke.« Die beiden schienen auch die Vorliebe für das Rampenlicht zu teilen, denn Tulea soll am Ende der Premiere eines Stücks mit Fonda am Broadway, »33 Variations«, überraschend auf der Bühne erschienen sein, um mit ihr zusammen den Applaus zu genießen. Dafür konnte sie aber auch stundenlang ruhig und unbewegt verharren: »Manchmal hatte ich sie bei einem Essen auf den Knien, aber erst am Ende, als ich mich aufrichtete, merkte die Tischgesellschaft, dass ein Hund unter uns war.«

Die Coton de Tuléar gelten als intelligent und vielseitig, was vielleicht auch mit ihrer einzigartigen Geschichte zu tun hat, die zumindest in Teilen mit ihrem aktuellen Image, als »Hund der Celebrities«, im Kontrast steht. Die Urahnen dieser Rasse, die mehr oder weniger mit den Bichon Frisé verwandt waren, gelangten nämlich zwischen dem 16. und 17. Jahrhundert an Bord französischer, spanischer und portugiesischer Schiffe nach Tuléar (heute Toliara), einem Hafen im Süden Madagaskars, da Matrosen und Piraten gleichermaßen sie als Rattenfänger auf ihren Schiffen hielten.

Bald jedoch siedelten sich die kleinen Hunde auf der Insel an und kreuzten sich mit den heimischen Terriern. Mit ihrem weißen und weichen Fell, dem sie ihren Namen verdanken, wurden sie bald zum Prestigeobjekt der königlichen Familie, die ihre Haltung Nichtadligen verbot, sodass sie heute noch als »königliche Hunde aus Madagaskar« bezeichnet werden – ihr Ursprung als Korsarenhunde wird dabei wohlweislich verschwiegen.

103___Tuna
Unter einem guten Stern geboren

Wie leider so viele Hunde auf der ganzen Welt wurde auch Tuna, eine winzige Promenadenmischung aus Chihuahua und Dackel, im Alter von wenigen Monaten auf einer Straße im kalifornischen San Diego ausgesetzt. Vielleicht hat sein Herrchen zu spät gemerkt, dass ein Vierbeiner kein Einrichtungsgegenstand ist, oder, schlimmer noch, ihm gefiel sein Aussehen nicht, die hervorstehenden Oberzähne, die man einfach nicht verbergen kann.

Bevor etwas Schlimmes geschehen konnte, wurde das Hündchen aber aufgelesen und in ein Tierheim gebracht, wo man ihn Wormy nannte, aufgrund seiner Eigenart, wie ein Wurm am Boden zu kriechen, möglicherweise eine Folge des erlittenen Traumas.

Die Sterne meinten es wirklich gut mit dem Hund, denn er fand ein Heim und eine Freundin: Courtney Dasher, eine Innendesignerin aus Los Angeles, die ihn zunächst nach Mr. Burns aus den »Simpsons« taufte, dem er wie aus dem Gesicht geschnitten scheint. Später hatte sie ein Einsehen und entschied sich für Tooney, schließlich für Tuna.

Schon jetzt ist es eine Geschichte mit glücklichem Ausgang, aber es kommt noch besser.

Trotz seiner desaströsen Kindheit blieb Tuna das Glück später treu. Einige Monate nach seiner Adoption im Jahr 2012 eröffnete Courtney einen Instagram-Account unter seinem Namen. Nichts Ungewöhnliches, die Social Networks wimmeln schließlich von Kätzchen und Hündchen aller Couleur. Aber im Fall von Tuna geschah etwas Ungewöhnliches, denn Instagram selbst lancierte drei ihrer Bilder. Von einem Tag auf den anderen hat sich die Zahl ihrer Follower vervielfacht, und heute folgen Tuna fast zwei Millionen Menschen auf der ganzen Welt, während ihre ungefüge Schnauze auf Tassen, T-Shirts und auf dem Deckel eines Buches prangt: »Tuna Melts My Heart: The Underdog With The Overbite«, das bereits in viele Sprachen übersetzt und natürlich von Courtney Daher geschrieben wurde, die ihren Beruf mittlerweile an den Nagel gehängt hat und sich in Vollzeit dem »Tuna-Unternehmen« widmet, dessen Erlöse, wie sie hervorhebt, vor allem Tierschutzorganisationen zugutekommen.

104_Uggie
Eine Hundepfote auf dem Walk of Fame

Er war der erste Vierbeiner, der seinen Pfotenabdruck auf dem Walk of Fame hinterlassen durfte. Schließlich hatte der Jack Russell zuvor in Cannes die Auszeichnung Palm Dog Award für den besten Vierbeinerschauspieler für seine Darstellung in »The Artist« von Michel Hazanavicius gewonnen, und seine Bewerbung für den besten Nebendarsteller bei den britischen BAFTA wurde auf Facebook so vehement vorangetrieben, dass sich die British Academy of Film and Television Arts gezwungen sah, dieses offizielle Statement abzugeben: »Uggie ist kein Mensch und übt den Schauspielerberuf nur aus, weil ihm Würste dafür versprochen werden. Es tut uns leid, mitteilen zu müssen, dass er damit die Voraussetzungen für die Bewerbung zu den BAFTA in dieser Kategorie nicht erfüllt.«

Wie bei vielen Geschichten vom anfänglichen Scheitern und späteren Durchbruch lässt auch bei Uggie der Anfang nichts Gutes erahnen. Mit weniger als einem Jahr beschlossen seine ersten menschlichen Besitzer, ihn wegzugeben, weil er »zu unruhig« war. Unruhig oder vielmehr vom Wunsch besessen, sich zu verwirklichen? Dank gemeinsamer Freunde gelangt der Hund jedenfalls ins Heim von Omar von Muller, einem Tierausbilder für das Kino und Fernsehen, der bereits zuvor mit einem Jack Russell gearbeitet hat und Uggies Talent spürt.

Das Training beginnt, und wenige Monate später betritt Uggie 2005 das Set. Seine erste wichtige Rolle erwirbt er aber erst 2011 in der Komödie »Wasser für die Elefanten« mit Reese Witherspoon. Gleich im Anschluss geht es weiter mit »The Artist«: Das als Hommage an das Hollywood der 1920er Jahre als Schwarz-Weiß-Stummfilm konzipierte Werk scheint gänzlich dazu angetan, die Ausdrucksstärke des haarigen Darstellers voll zur Geltung zu bringen, sodass Uggie seinen menschlichen Kollegen Bérénice Bejo und Jean Dujardin nicht selten die Schau stiehlt.

Es ist ein Triumph. Als Dujardin 2012 die Bühne des Hollywood and Highland Center Theatre in Los Angeles betritt, um seinen Oscar als bester Darsteller abzuholen, ist Uggie bei ihm. Logisch.

105 __ Urian

Der Windhund, der (nicht) die Geschichte veränderte

In der Liste der zehn Hunde, die die Welt veränderten – ja, eine solche gibt es –, findet sich auch der Name von Urian, dem Windhund, der angeblich das Schisma in England beschleunigte oder gar bewirkte: eine ganz hübsche Verantwortung für einen Vierbeiner!

Und hier ist die Geschichte in ihrer geläufigsten Fassung, wie wir sie im Mare Magnum des Internets lesen können. Wir befinden uns in der Epoche Heinrichs VIII. und des Kardinals Thomas Wolsey, dem mächtigen Lordkanzler, der vom König beauftragt wird, sich in Rom für die Annullierung seiner Hochzeit mit Katharina von Aragon starkzumachen. Die Mission ist von äußerster Bedeutung: Der Monarch, der unbedingt einen männlichen Erben wünscht, hat sich in Anne Boleyn verliebt, eine der Hofdamen der Ehefrau, und möchte diese ehelichen.

Der Kardinal gelangt also an die Ufer des Tibers und erhält eine Audienz bei Clemens VII., begeht aber den unverzeihlichen Fehler, Urian mit sich zu nehmen, seinen treuen Windhund. Da dieser die Gepflogenheiten am päpstlichen Hof nicht kennt und seinen Herrn sich vor dem Pontifex vorbeugen sieht, verbeißt das Tier sich in den kleinen Fingern Seiner Heiligkeit, welche Wolsey erzürnt vor die Tür setzt und die Verhandlungen abbricht. Heinrich VIII. lässt sich daraufhin von Katharina scheiden, und die Kirche Englands trennt sich von der Roms.

Fürwahr eine faszinierende Geschichte, die aber nicht Geschichte geschrieben hat: Historiker sind sich sicher, dass Wolsey nie nach Rom ging, und außerdem – wie bei allen Legenden üblich, antiken wie modernen – gibt es eine zweite Fassung der Anekdote, in der Urian kein Windhund, sondern ein Spaniel ist und anstelle des Lordkanzlers der Graf von Wiltshire auftritt, also niemand Geringerer als der Vater von Anne Boleyn selbst!

Alles sehr verwirrend, wobei noch hinzugefügt werden muss, dass die schöne Anne tatsächlich einen bissigen Hund namens Urian ihr Eigen nannte. Er soll einmal einer Kuh auf der Weide an die Gurgel gesprungen sein, was deren Besitzer verständlicherweise aufbrachte, der jedoch von König Heinrich VIII. höchstselbst entschädigt wurde.

Wahrheit oder Legende?

106__Wessex

Ein Stänkerer für Thomas Hardy

»Treu, unbeugsam«, diese Attribute ließ Thomas Hardy, Autor von »Tess von den d'Urbervilles« auf das Grab von Wessex schreiben, dem Foxterrier, mit dem er und seine zweite Frau Florence von 1913 bis 1926 zusammenlebten. Viele Freunde von Hardy hatten ihn wohl etwas anders in Erinnerung.

»Beim Abendessen war Wessex außer sich und verbrachte den Großteil der Zeit nicht unter, sondern auf dem Tisch, wo er ungestört räuberte und mir jeden Bissen vom Teller zum Mund streitig machte«, ließ sich etwa Lady Cynthia Asquith vernehmen, Schriftstellerin und Celebrity der Zeit, die überzeugt war, dass dies von allen Hunden, die sie je kennengelernt hatte, »der despotischste« war.

»Wir verließen gerade das Speisezimmer«, erinnerte sich ein anderer Freund des Schriftstellers, Sir J. C. Squire, »als Wessex Hardy am Hosenbein festhielt. ›Was ist nur mit ihm los?‹, fragte ich. ›Ich darf so lange nicht gehen, wie er nicht ein wenig Radio gehört hat‹, sagte Hardy. Er schaltete den Apparat ein, und wir setzten uns wieder, während der Hund gesittet und mit hechelnder Zunge sich an seiner täglichen Dosis Bach berauschte. ›Aber Achtung, die Programme mit Sprechern gefallen ihm gar nicht‹, wurde ich belehrt, als wir wieder aufstanden.«

Unzählige Male verbiss sich Wessex in die Waden von Menschen, die ihm unsympathisch waren, ob nun gefeierte Schriftsteller oder schnöde Postboten, von denen einer zur Verteidigung zum Tritt ausholte, der Wessex zwei Zähne kostete. Aber daneben gewährte er ausgewählten Menschen auch unerwartete Zuneigung, wie zum Beispiel T. E. Lawrence oder einem weiteren Besucher des Hauses, Henry Watkins. Diesen begrüßte er stets mit großem Getöse, nur einmal näherte er sich ihm mit Jaulen und Winseln, was die Hardys sehr verwunderte, es aber seinen Launen zuschrieben. Am nächsten Tag jedoch erfuhren sie vom plötzlichen Ableben ihres Freundes in der Nacht. Ob Raufbold oder Sensibelchen, der Hund nahm im Herzen von Hardy einen festen Platz ein. Am Abend seines Todes am 27. Dezember 1926 notierte der Schriftsteller in seinem Tagebuch: »Abend. Wessex schläft zum ersten Mal seit 13 Jahren außer Haus.«

107 Xólotl

Ein Heiler für Frida Kahlo

Auf einem berühmten Gemälde von Frida Kahlo, »Die Liebesumarmung des Universums« aus dem Jahr 1949, sieht man im Vordergrund auf der linken Seite eine riesenhafte Hand, auf der ein merkwürdiges dunkles Hündchen mit lang gezogener Schnauze und glattem Körper schläft. Es handelt sich um Xólotl oder mit vollem Titel El Señor Xólotl, den Lieblingshund der mexikanischen Malerin, der auch in anderen ihrer Werke auftaucht und fast immer auf den Fotografien mit ihr und ihrem Lebenspartner Diego Rivera hervorlugt.

Von der Rasse der Xoloitzcuintles – der für uns fast unaussprechliche Name dieser Rasse wird zum Glück meist mit Xolo abgekürzt – hatte Frida noch mehrere Exemplare, denen sie allen sehr zugetan war, weil sie gewiss war, dass sie ihre Schmerzen aus den zahlreichen Operationen, denen sie sich unterziehen musste, linderten.

Nicht nur die Künstlerin pflegte eine Art Verehrung für diese kleinen Hunde von uralter und edler Abstammung. Laut einer aztekischen Legende erschienen sie auf der Erde, als Xólotl, der Gott des Todes, sie aus dem Knochen des Lebens schuf und den Menschen mit der Maßgabe vermachte, sie zu schützen und zu versorgen. Dafür sollten sich die Tiere als kostbare Wachhunde erweisen, die Einbrecher und böse Geister abschreckten.

Auch aus diesem Grund hat sich seit der Zeit der Azteken oder bereits früher in Mexiko der Glaube an die heilenden Kräfte der Xolo verbreitet, der mit ihrem auffallendsten körperlichen Merkmal verbunden ist: dem fast vollständigen Fehlen von Fell. Ohne diese isolierende Schutzschicht konnten ihre Körper angeblich bedürftigen Menschen ganz besondere Wärme spenden. Die Tiere waren also so etwas wie Wärmflaschen auf vier Beinen, mit wundertätigen Eigenschaften für Arthritis- oder Rheumageplagte, aber wohl auch in der Lage, andere Beschwerden wie Zahnschmerzen und Schlaflosigkeit zu heilen.

Jüngere Studien haben gezeigt, dass die Xolo keine höhere Temperatur als andere Hunde aufweisen, aber wie alle guten Vierbeiner wohltuend bei Druck oder Stress wirken. Und das ist ja schon mal etwas.

108_ Yatsufusa

Ein japanischer Held zwischen Mythos und Manga

Wir befinden uns im feudalen Japan des 15. Jahrhunderts. Schon seit vielen Jahren liegt Yoshizane, ein *daimyō* – also ein Kriegsherr – aus dem Clan der Satomi, mit seinem Nachbarn, der über den Clan der Anzai herrscht, über die Herrschaft der Provinz Awa im Krieg. Seine Niederlage ist jedoch schon fast besiegelt: Alle Versuche, den Sieg herbeizuführen, sind gescheitert. In seiner Verzweiflung wandte sich Yoshizane an seinen Hund Yatsufusa, übersetzt »Acht Flecken«. »Wenn du mir den Kopf meines Widersachers bringst«, sprach er feierlich, »gebe ich dir meine Tochter, die Prinzessin Fuse, zur Gemahlin.«

Überraschenderweise erfüllt der Hund seine Mission, an der so viele Menschen gescheitert waren. Die mächtigen Feinde werden endgültig besiegt. Aber die Verpflichtung gegenüber Yatsufusa scheint sich in Nichts aufgelöst zu haben. Als der Hund Yoshizane daran erinnert, versucht der *daimyō* nämlich zurückzurudern. Die schöne Fuse selbst ist es, die darauf drängt, Yatsufusa zu ehelichen, weil jedes Versprechen gehalten werden muss, wie sie ihren Vater erinnert. Die Prinzessin verlässt daher den Palast des Vaters und folgt diesem merkwürdigen haarigen Ehemann in die Berge, wo er ein Anwesen besitzt.

Monate vergehen, und eines Nachts hat Fuse einen Traum: Vor ihr erscheinen acht Krieger in Gestalt von Hunden, die für ihre und Yatsufusas Söhne stehen. Verstört und widerstrebend beschließt die junge Frau den Freitod. Davor jedoch erreicht sie ein ehemaliger Freier, der Yatsufusa umzubringen beabsichtigt, dabei aber unabsichtlich Fuse tödlich verwundet. Bevor sie stirbt, dringen acht Perlen aus ihrem Leib, die den Geist ihrer Söhne enthalten. Diese werden zu den Protagonisten eines der berühmtesten Texte der japanischen Literatur, »Nansō Satomi Hakkenden«, die »Chroniken der acht Hunde«, ein von 1818 bis 1842 vom Schriftsteller Kyokutei Bakin komponiertes Epos.

Geschichten aus längst vergangenen Zeiten? Nicht wirklich, bedenkt man, dass aus diesem Riesenbuch (mit 106 Bänden das vielleicht längste der Weltgeschichte) verschiedene Filme, TV-Serien, Animationsfilme, Mangas und sogar ein Computerspiel hervorgegangen sind!

109 Zemira

Der Liebling der Kaiserin Katharina

Mit Katharina II. von Russland war nicht gut Kirschen essen: Sie entthronte ihren Mann, erweiterte ihre bereits unermesslichen Grenzen im Guten und oft genug auch im Bösen und unterdrückte blutig zahlreiche Aufstände gegen ihre Herrschaft. Ihre friedfertigere Seite zeigte sie, wenn sie Künstler aus ganz Europa an ihren Hof einlud, die ersten Oberschulen für Mädchen in Russland gründete und sich gegen Masern impfen ließ, um ihren Untertanen die Furcht vor dieser Praxis zu nehmen. Sie war zweifellos eine charakterstarke Frau.

Eine Schwäche aber hatte die große Katharina, und raten Sie mal, welche: richtig, die Hunde. Im Laufe ihres Lebens hatte sie zahlreiche, insbesondere italienische Windhunde, eine Rasse, die sie dem Mops, der damals gerade Mode war, vorzog. Für ihre Schoßhunde wählte sie hochgestochene Namen, zwei hießen gar Sir Tom Anderson und Duchess Anderson. Aber ihr Liebling war Zemira, benannt nach der Heldin einer Oper, »Zémire et Azor« des Belgiers André Grétry, die 1774 in Sankt Petersburg Premiere feierte.

Die kleine Hündin begleitete die Monarchin bei ihren Spaziergängen und schlief in ihrem Zimmer in einer Hundehütte, die innen mit violettem Satin ausgelegt war. Als sie starb, ordnete die untröstliche Kaiserin den Bau eines imposanten Grabmals an und schloss sich einige Tage lang in ihrer Kammer ein. Jahre später beauftragte sie einen von ihr sehr geschätzten Maler, Vladimir Borovikovskij, mit einem Gemälde, das sie und Zemira vor dem Hintergrund des Parks von Zarskoje Selo zeigt.

Über die Beziehung von Katharina zu ihren Vierbeinern gibt es aber auch eine witzige Begebenheit, die ausgerechnet um einen Mops kreist, der der Kaiserin vom Hofbankier, dem Baron Sutherland, geschenkt worden war und daher den Namen Sutherland trug. Bei seinem Tod befahl Katharina, ihn auszustopfen, aber der damit beauftragte Beamte wusste nichts von der Existenz des Hundes und dachte, dass die Anordnung den Baron beträfe, sodass er sich prompt vor dessen Haustür einfand. Nur das Eingreifen der Kaiserin selbst bewahrte Sutherland vor einem tragischen Ende.

110_Zerberus

Ein Leben als Wachhund

Der Vater von Zerberus, Typhon, war ein monströser Gigant, so groß, dass er selbst die höchsten Gebirge überragte. Dazu hatte er einen Eselskopf, Fledermausflügel, Beine wie ineinander verwickelte Drachen und trug auf den Schultern 100 Schlangen, die je nach Bedarf bellten oder heulten.

Dagegen muss seine Mutter, Echidna, fast als klassische Schönheit angesehen werden, mit einem Frauenkörper und einem langen Schlangenschwanz anstatt der Beine.

Wie dieses bizarre Paar einen Hund zeugen konnte – freilich einen besonderen Hund wie Zerberus –, bleibt den unergründlichen Geheimnissen der Mythologie überlassen. Was auch für die vielen Köpfe des Höllenhundes gilt: Hesiod gab sie mit 50 an, Pindar verdoppelte sie gar auf 100, während die Römer sich, nach Horaz, später auf einen einzigen Hundekopf einigten, an dem jedoch 100 Schlangenhäupter hingen.

Aber die geläufigste Version, der auch Dante in seiner »Göttlichen Komödie« treu bleibt, ist der Zerberus mit drei Hundeköpfen, die jeder mit riesigen Fängen ausgestattet sind, aus denen ein ebenso gigantisches Gebell dringt.

Bei einem solchen Aussehen möchte man dem Armen eher nicht über den Weg laufen, sodass er zum Wachhund des Hades, des Totenreichs, bestellt wurde, sollte einer der Verblichenen doch mal auf die dumme Idee kommen, in die Welt der Lebenden zurückkehren zu wollen.

Aber wenn es jemanden gibt, auf den das Sprichwort »Hunde, die bellen, beißen nicht« zutrifft, dann ist es wohl Zerberus, dessen Aussehen weitaus furchteinflößender war als sein wahres Wesen. Nicht zufällig muss es Herkules in seiner letzten, zwölften Aufgabe mit ihm aufnehmen, besiegt ihn und nimmt ihn mit sich (wofür er im Hades freundlich um Erlaubnis bittet), tut ihm aber nichts zuleide und schickt ihn, nachdem er sich seiner Taten ausreichend gerühmt hat, zurück an seine alte Arbeitsstätte als Höllenhund, wo er gnädig wieder aufgenommen wird.

Ant. Wagner.

111 Zinneke Pis

Ein gehobenes Bein im Zentrum von Brüssel

Am Anfang war das »Manneken Pis«, die kleine Bronzestatue eines Jungen, der seit 1618 unweit der Grand Place, dem zentralen Platz von Brüssel, unaufhörlich Pipi macht und unbestrittener Touristenmagnet in der belgischen Hauptstadt ist. Der kleine zügellose Knabe wirkte den Brüsselern aber irgendwann zu einsam, sodass man 1987 beschloss, ihm ein weibliches Pendant an die Seite zu stellen, das der Bildhauer Denis-Adrien Debouvrie mit dem Denkmal der »Jeanneke Pis« in einer Gasse mit dem sprechenden Namen Impasse de la Fidélité (auf Flämisch Getrouwheidsgang) realisierte.

Nun fehlte eigentlich nur noch ein Hund in eindeutiger Pose, und tatsächlich ließen sich die Brüsseler nicht lange bitten: »Zinneke Pis« – korrekt ist freilich Het Zinneke – wurde 1999 an der Ecke Rue des Chartreux und Rue du Vieux Marché aux Grains in der klassischsten aller Hundepose verewigt, das Hinterbein neben einem Hydranten erhoben, bereit, diesen mit einer Pipidusche zu übergießen. Aber diesmal ist es nur ein Fake; im Gegensatz zu seinen menschlichen Pendants ist Zinneke kein Brunnen, und das Pieseln können wir uns nur vorstellen. Man sagt aber, dass der in der Nähe wohnende Urheber der Statue, Tom Frantzen, seinen eigenen Hund als Vorbild genommen habe, der genau wie sein bronzenes Alter Ego immer diese Stelle für sein Geschäft aufsuchte – eine Geschichte, die vermutlich zu schön ist, um wahr zu sein.

Wahr ist allerdings der Name des Hündchens – Zinneke, was man im Deutschen mit »Promenadenmischung« übersetzen könnte. Das Wort ist eine dialektale Form des Wortes Zenne, das einen kleinen Fluss in der Nähe bezeichnet, der seit Urzeiten Hunde wenig nobler Abstammung an seine Ufer zog, bis er schließlich abgedeckt wurde und daher heute unterirdisch verläuft.

Früher noch eine Beleidigung, wird Zinneke heute voller Stolz im Mund geführt, und dies nicht nur in Bezug auf Vierbeiner, sondern als Bezeichnung für alle Bewohner der belgischen Hauptstadt, sodass seit 2000 alle zwei Jahre in Brüssel die »Zinneke Parade« als Hommage an die verschiedenen Kulturen der Stadt abgehalten wird.

Fotonachweis

Abuwtiyuw – erstes Foto: anonym (Ägypten), Spielfigur in Form eines Hundes, circa 2850 v. Chr., 1913 von Henry Walters erworben, Walters Art Museum; Wikimedia Commons/ Walters Art Museum, CC BY-SA 3.0; zweites Foto: Jean-Léon Gérôme, »In der Wüste«, Walters Art Museum, vor 1867, seit 1867 Eigentum von William T. Walters; Wikimedia Commons/ Walters Art Museum, Public Domain

Argus – Pexels

Ashley – Hund: Ashley Whippet; © Ashley Whippet Museum, mit freundlicher Genehmigung

Asta – Foto: »The Thin Man«, USA 1934, Regie W. S. Van Dyke, mit Myrna Loy, William Powell, Asta; Hund: Asta; mauritius images/United Archives

Astarte – © Andrea Pazienza © Marina Comandini, mit freundlicher Genehmigung

Atma – akg-images/akg-images

Balloon Dog – mauritius-images/Malkin Photography/Alamy

Balto – Foto: Denkmal für Balto, New York; Max3105/ Shutterstock.com

Barry – Foto: Denkmal für Barry, Hundefriedhof, Asnières-sur-Seine; mauritius images/Glenn Harper/Alamy

Bauschan – shutterstock.com/footageclips

Becerrillo – Pexels

Belka und Strelka – Depositphotos/bissig

Bendicò – erstes Foto: Giuseppe Tomasi di Lampedusa; Wikimedia Commons/Davide Mauro, CC BY-SA 4.0; zweites Foto: Wikimedia Commons/Melissa, CC BY 2.0

Blemie – Foto: Eugene O'Neill National Historic Site, Grab von Blemie; © National Park Service, Park Cultural Landscapes Program, mit freundlicher Genehmigung

Boatswain – Foto: Blick von Boatswains Grab; Flickr/blinking idiot, CC BY-ND 2.0

Bob – Flickr/Paul Fisher, CC BY 2.0

Brian – akg-images/Album/20th Century Fox TV

Brioche – Foto: Brioche und Martina; © Sabrina Brianza, mit freundlicher Genehmigung

Buck – DepositPhotos/Majchy

Caffaro – Pexels

Cap – Shutterstock/Florescu Ioana Alexandra

Chaser – Hund: Chaser; © John Pilley, mit freundlicher Genehmigung

Der chinesische Hund – shutterstock.com/Bill Perry

Cujo – Shutterstock/Bianca Grueneberg

Danny – Shutterstock/Happy monkey

Dempsey – Flickr/Nicole Allen, CC BY 2.0.

Dinky – Shutterstock/Gary Stevens

Dog Collar Museum – Shutterstock/AndrasKiss

Doug the Pug – Hund: Doug the Pug auf der National Pet Show in London, 2017; mauritius images/Paul Brown/Alamy

Elmo – Pexels

Emily und die anderen – Foto: Peggy Guggenheim mit ihren Hunden circa 1970; akg-images

Ettore – Depositphotos/BestPhotoStudio

Fala – Foto: Statue von Fala, Hund von Franklin D. Roosevelt, FDR Memorial, Washington DC; mauritius images/Maurice Savage/Alamy

Fay Ray – Shutterstock/Maja H.

Flush – Shutterstock/Sogno Lucido

Fortuné – StockphotoVideo/Shutterstock.com

Gracie – Pexels

Grafton – Bild: Edwin Henry Landseer, »Hufbeschlag«, 1844, Tate Britain, London; aus den »World-Famous Paintings«, ed. by J. Greig Pirie, W. & G. Foyle, Ltd, London, 1938; Heritage-Images/The Print Collector/akg-images

Greyfriars Bobby – Foto: Denkmal für Greyfriars Bobby; Flickr/ Mike Knapp, CC BY 2.0

Der Große Hund – Shutterstock/Iron Mary

Loukanikos – Foto: Billy Gee, Alex Martinez, N_Grams, Street Art für Loukanikos, Riga, Palamidou street, Psyrri; Flick/Dimitris Kamaras, CC BY 2.0

Loulou – Pexels

Lump – shutterstock.com/Gorlov Alexander

Lupa – Foto: Kopie der Kapitolinischen Wölfin, im nördlichen Teil des Senatspalastes, Rom; Wikimedia Commons/Jebulon, Public Domain

Maf – Foto: Marilyn Monroe am Set ihres letzten, unvollendet gebliebenen Films »Something's Got to Give« (Regie: George Cukor, 1962); mauritius images/JT Vintage

Martha – Foto: Paul McCartney und sein Hund 1967; Hund: Martha; mauritius images/David Hickes/Alamy

Master McGrath – Shutterstock/Villiers Steyn

Melampo – Depositphotos/perszing1982

Mexican Pet – Depositphotos/liukov

Das Museum of the Dog – Shutterstock/Eric Isselee

Nana – Foto: als Nana verkleideter Hund, Figur von Peter Pan; Depositphotos/s_bukley

Nipper – Foto: altes Reklameschild aus Blech von His Master's Voice in der Umgebung von Southampton, UK; Jane Rix/Shutterstock.com

Owney – Shutterstock/sonya etchison

Pancho – Shutterstock/TatyanaPanova

Peritas – akg-images/Erich Lessing

Pickles – Foto: David Corbett mit seinem Hund nach Wieder-auffinden des Coupe Jules Rimet, Beulah Hill, Norwood, London, 1966; Hund: Pickles; mauritius images/United Archives

Pluto – Foto: Pluto-Figur auf einer Parade in Magic Kingdom, Orlando; 9.AFKP6X_mauritius images/JJM Stock Photography/Travel/Alamy.jpg

Pongo – Wikimedia Commons/Mark Berbezier, CC BY 2.0

Pupa – Shutterstock/chaivit chana

Tillman – Foto: Tillman auf den Maddie's Pet Adoption Days, New York, 2014; a katz/Shutterstock.com

Titina – Foto: Umberto Nobile in Uniform mit seinem Hund Titina, 1926, Library of Congress Prints and Photographs Division, New York World-Telegram and the Sun Newspaper Photograph Collection; Wikimedia Commons, Public Domain

Tobey Rimes – Depositphotos/Jstaley401

Toto – Depositphotos/welburnstuart

Treo – Foto: Treo, Gewinner der Dickin Medal, mit seinem Ausbilder, dem britischen Sergeanten Dave Heyhoe; Mauritius Images/Matt Limb OBE/Alamy

Tulea – Wikimedia Commons/Cvf-ps, CC BY-SA 3.0

Tuna – Depositphotos/thegoatman

Uggie – Foto: Uggie auf der Stage 5 der Red Studios von Hollywood; Mauritius Images/Jaguar/Alamy

Urian – Bild: Paolo Veronese (1528–1588), »Junge mit Windhund«, circa 1570, Metropolitan Museum of Art, New York, Foto von Henry Townsend; Wikimedia Commons, Public Domain

Wessex – Depositphotos/serhii.bobyk.gmail.com

Xólotl – Flickr/Rod Waddington, CC BY-SA 2.0

Yatsufusa – Bild: Tsukioka Yoshitoshi (Japan, 1839–1892), »Satomi Jirotarō Yoshinari begutachtet einen Kopf im Maul eines Hundes«, 1867, abgedruckt in »Beauty and Valor in the Novel Suikoden«, Herbert R. Cole Collection (M.84.31.378), Los Angeles County Museum of Art; Wikimedia Common, Public Domain (Los Angeles County Museum of Art, Los Angeles)

Zemira – Vladimir Borovikovskij (1757–1825), »Katharina II. bei einem Spaziergang im Park Tsarskosyelsky«, 1794, Tretyakov Gallery, Moskau; Wikimedia Common, Public Domain (Tretyakov Gallery, Mosca)

Zerberus – Foto: Herkulesstatue mit Zerberus, Wien; Depositphotos/demerzel21

Zinneke Pis – Foto: Bronzestatue des Zinneke Pis, Brüssel; Wikimedia Commons/Maxifred, CC BY-SA 3.0

Elke Pistor
**111 Katzen, die man
kennen muss**
ISBN 978-3-95451-830-2

Theo Pagel, Brian Batstone
**111 Dinge über Elefanten,
die man wissen muss**
ISBN 978-3-7408-0349-0

Monika Mansour
**111 Pferde, die man
kennen muss**
ISBN 978-3-7408-0444-2

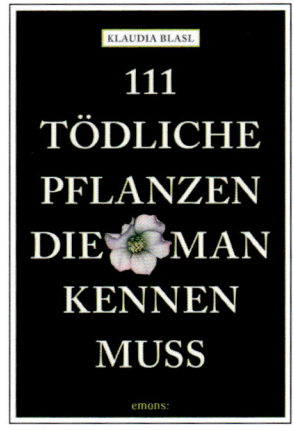

Klaudia Blasl
**111 tödliche Pflanzen,
die man kennen muss**
ISBN 978-3-7408-0441-1

Oliver Buslau
111 Werke der klassischen
Musik, die man kennen muss
ISBN 978-3-7408-0236-3

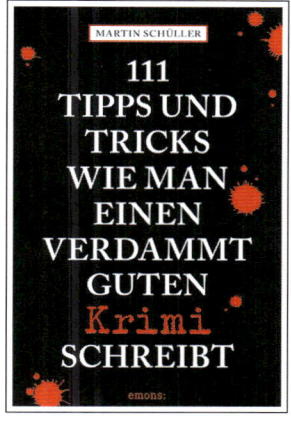

Martin Schüller
111 Tipps und Tricks,
wie man einen verdammt
guten Krimi schreibt
ISBN 978-3-7408-0460-2

Astrid Süßmuth
111 Spukorte in und
um München, die man
gesehen haben muss
ISBN 978-3-7408-0336-0

Monika Mansour
111 mystische Orte
in der Schweiz, die man
gesehen haben muss
ISBN 978-3-7408-0139-7

Die Autorin

Maria Teresa Carbone ist Journalistin, Autorin, Übersetzerin und Koordinatorin des Online-Journals »Alfabeta2«. Zuvor war sie zuständig für das Kunst-Ressort der Zeitschrift »pagina99« und verfasste Beiträge für den Kulturteil der Tageszeitung »il manifesto« und weitere italienische und ausländische Zeitungen.